数学建模方法及应用研究

方燕妮　葛　碧　常　高　著

中国纺织出版社有限公司

内　容　提　要

随着科学技术的发展，数学应用不仅在传统领域发挥着越来越重要的作用，还不断地向生物、医学、金融、交通、人口、地质等领域渗透。而数学模型是数学理论与实际问题相结合的一门科学，它将现实问题归结为相应的数学问题。本书从数学建模的基础认知出发，对数学建模的作用及其应用等相关内容进行详细的阐述。本书体现了理论知识、实际问题与数学软件及算法的有机融合，增强了实用性，做到了深入浅出，通俗易懂。

图书在版编目（CIP）数据

数学建模方法及应用研究 / 方燕妮，葛碧，常高著 . -- 北京：中国纺织出版社有限公司，2023.11
ISBN 978-7-5229-1243-1

Ⅰ . ①数… Ⅱ . ①方… ②葛… ③常… Ⅲ . ①数学模型—研究 Ⅳ . ① O141.4

中国国家版本馆 CIP 数据核字（2023）第 221893 号

责任编辑：王　慧　　责任校对：高　涵　　责任印制：储志伟

中国纺织出版社有限公司出版发行
地址：北京市朝阳区百子湾东里 A407 号楼　邮政编码：100124
销售电话：010—67004422　传真：010—87155801
http://www.c-textilep. com
中国纺织出版社天猫旗舰店
官方微博 http://weibo.com/2119887771
三河市延风印装有限公司印刷　各地新华书店经销
2023 年 11 月第 1 版第 1 次印刷
开本：787 × 1092　1/16　印张：11.25
字数：200 千字　定价：98.00 元

Preface
前言

众所周知，21 世纪是知识经济的时代，所谓知识经济，就是以现代科学技术为核心，建立在知识和信息的生产、存储、使用和消费之上的经济；是以智力资源为第一要素的经济；是以高科技产业为支柱产业的经济。知识创新和技术创新是知识经济的基本要求和内在动力，培养高素质、复合型的创新人才是时代发展的需要。创新人才主要是指具有较强的创新精神、创新意识和创新能力，并能够将创造能力转化为创造性成果的高素质人才。培养创新人才，大学教育是关键，而大学的数学教育在整个大学教育，乃至在人才的培养中都起着重要的奠基作用。数学现已成为一门能够普遍实施的技术，也是未来需要的高素质创新人才必须具备的一门技术。随着知识经济发展，创新人才的供需矛盾日趋凸显，这也是全社会疾呼教学改革的根本所在。因此，现代大学数学教育的思想核心就是在保证打牢学生基础的同时，力求培养学生的创新意识与创新能力、应用意识与应用能力。也就是说，大学数学教育应是集传授知识、培养能力、提高素质、启迪智慧于一体的教育理念之下的教学体系，数学建模活动是实现这一改革目标的有效途径，也正是数学建模活动为大学的数学教学改革打开了一个突破口。近几年的实践证明，这一改革方向是正确的，成效是显著的。

随着科学技术的发展，数学应用不仅在传统领域发挥着越来越重要的作用，还不断地向生物、医学、金融、交通、人口、地质等领域渗透。而数学模型是数学理论与实际问题相结合的一门科学，它将现实问题归结为相应的数学问题。只有在此基础上才有可能利用对数学的理论和应用方法进行深入研究，才能为解决实际问题提供定量的结果或有价值的指导。本书从数学建模的基础认知出发，对数学建模的作用及其应用等相关内容进行详细的阐述，接着对数学建模的基础进行探索与研究，并分析了数学建模中常用的方法，如类比分析法、数据处理法、层次分析法、主成分分析法等，接着阐述了非线性规划方法与应用、线性规划方法与应用、图论方法及应用、神经网络的方法及应用等，并对其进行了系统、详细的总结与分析。本书从内容上体现了理论知识、实际问题与数学软件及算法的有机融合，增强了实用性，做到了对所述问题的深入浅出，使之通俗易懂。

著　者

2023 年 7 月

Contents

目录

第一章

数学建模的基础认知

第一节　数学建模的作用和地位

我们培养人才主要是为了服务社会、应用社会、促进社会的进步和发展，而社会实践中的问题是复杂多变的，量与量之间的关系并不明显，并不是套用某个数学公式或只用某个学科、某个领域的知识就可以圆满解决的，这就要求我们培养的人才应有较高的数学素质，即能够从众多的事物和现象中找出共同的、本质的东西，善于抓住问题的主要矛盾，从大量数据和定量分析中寻找并发现规律，用数学的理论和数学的思维方法及相关知识去解决，从而为社会服务。基于此，我们认为定量分析和数学建模等数学素质是知识经济时代人才素质的一个重要方面，是培养创新能力的一个重要方法和途径。因此，开展数学建模活动将会在人才培养的过程中占据重要地位，并起到重要的作用。

一、数学建模的创新作用

数学科学在实际中的重要地位和作用已普遍地被人们所认识，它的生命力正在不断地增强，这主要来源于它的应用地位，各行各业和各科学领域都在运用数学，或是建立在数学基础之上。正像人们所说的“数学无处不在”已成为不可争辩的事实，特别是在生产实践中运用数学的过程就是一个创造性的过程，成功应用的核心就是创新，我们这里所说的创新指的是科技创新，所谓的科技创新主要是指在科学技术领域中的新发明、新创造，即发明新事物、新思想、新知识和新规律；创造新理论、新方法和新成果；开拓新的应用领域、解决新的问题。大学是人才培养的基地，而创新人才培养的核心是创新思想、创新意识和创新能力的培养，所以传统的教学内容和教学方法显然不足以胜任这一重任。数学建模本身就是一个创造性的思维过程，从数学建模的教学内容、教学方法，到数学建模竞赛活动的培训等都是围绕培养创新人才这个核心主题内容进行的，其内容取材于实际、方法结合于实际、结果应用于实际，总之，知识创新、方法创新、结果创新、应用创新无不在数学建模的过程中得到体现，这也正是数学建模的创新作用所在。

二、数学建模的综合作用

对于我们每一个教数学基础课的教师来说，在上第一堂课的时候，按惯例都会讲一下课程的重要性，一方面要强调课程的基础性作用；另一方面，免不了都要说它在实际中有多么重要的应用价值；等等。大多数学生可能对这门课程在实际中的应用更感兴趣，但是，大多数时候，等到课程上完了以后，这些学生可能会大失所望，这主要是因为他们没有看到课程在实际中的应用，仅仅是做了几道简单的应用题而已，而且学生免不了会质问教师："你既然说本课程在实际中有重要的应用，那么为什么不教我们如何应用本课程的知识来解决实际问题呢？"这个问题，一般的基础课教师可能是难以明确回答的，原因是单学科的知识能够解决的实际问题是很少的，尤其是对于某些基础数学课程而言更是如此。而学习了数学建模以后，这个问题就不存在了，因为数学建模就是综合运用所掌握的知识和方法，创造性地分析、解决来自实际的问题，而且不受任何学科和领域的限制，所建立的数学模型可以直接应用于实际，这是数学建模的综合作用之一。

同时，数学建模的工作是综合性的，所需要的知识和方法是综合性的，所研究的问题是综合性的，所需要的能力当然也是综合性的。数学建模的教学就是向学生传授综合的数学知识和方法，培养综合运用所掌握的知识和方法来分析问题、解决问题的能力，结合数学建模的培训和参加建模竞赛等活动，来培养学生丰富灵活的想象能力、抽象思维的简化能力、一眼看穿的洞察能力、与时俱进的开拓能力、学以致用的应用能力、会抓重点的判断能力、高度灵活的综合能力、使用计算机的动手能力、信息资料的查阅能力、科技论文的写作能力、团结协作的攻关能力等。数学建模就是将这些能力有机地结合在一起，形成一种超强的综合能力，我们可称为"数学建模的能力"，这就是21世纪所需要的高素质人才应该具备的能力，而且我们可以断言，谁具备了这种能力，谁就必将大有作为。

三、数学建模的桥梁地位

传统的数学内容和方法的一个最主要的问题就是理论与实际的联系不够密切，甚至是脱节，以至于社会上出现了一种学数学没有用的观点，并且产生了一定的社会效应。一段时间内，一些高校的数学课的课时被压缩，一般高校数学院系的生源质量在下降，甚至是短缺，这使一些数学院系的生存发生危机，从而导致了一些院校的数学院系不得不改变自己的培养方向和专业设置，有的合并、有的改名，一时间如雨后春笋般地诞生了“信息科学与计算”“信息与计算科学”“数学与计算科学”等时髦的名称，或许这也是时代发展、与时俱进的结果吧！我们认为，关键的问题还是数学有用与数学无用的对立矛盾。在改革开放后的国民经济飞速发展的时期，如果数学不能为此作出贡献，那么，被人误认为数学无用应属自然。为此，数学教学改革的呼声强烈，也势在必行，现在教学改革的春风吹遍了中华大地，数学教学改革硕果累累，但成功之作大多与数学建模有关，也正是数学建模为中国数学的发展带来了生机和希望，通过“数学建模”这座无形的桥梁使得数学在工程上、生活中都得到了实际的应用，这是数学建模的桥梁作用之一。

另外，现有的科技人才可以分为工程应用与理论研究两大类。从某种意义上来讲，工程与理论存在着客观的一些对立，特别是工程与数学、工程师与数学家之间在处理问题的方式、方法上都客观地存在一些不同或对立的观点，于是这便体现出了两者在具体问题上缺乏共同的沟通语言的问题。基于数学建模和数学建模的人才，可以在工程与数学、工程师与数学家之间架起一座桥梁，能在两者之间建立起共同语言，使沟通无限，因为数学建模的人才具有一种特有的能力——“双向翻译能力”，即可以将实际问题简化抽象为数学问题——建立数学模型；可以利用计算机等工具求解数学模型，再将求解结果应用于实际中去，并用来分析解释实际问题，这就使得工程与数学有机地结合在了一起，使得工程师与数学家之间可以无障碍地沟通与合作，这也是使得近些年来能起这种桥梁作用的数学建模和数学建模人才备受欢迎的主要原因。

高技术发展的关键是数学技术的发展，而数学技术与高技术结合的关键就是数学模型，数学模型就像一把金钥匙一样打开了高技术的道道难关，任何一项技术的发展都离不开数学模型，甚至技术水平的高低也取决于数学模型的优劣。

第二节　数学模型与其广泛性

一、什么是数学模型

（一）原型与模型

原型与模型是一对对偶体，原型是指人们在现实世界中关心、研究或者从事生产、管理的实际对象，而模型是指为了某个特定目的将原型的某一部分信息简缩、提炼而构造的原型替代物，模型不是原型，它既简单于原型，又高于原型。例如，大家熟知的飞机模型，虽然在外观上比飞机原型简单，而且也不一定会飞，但是它很逼真，也足以让人想象飞机在飞行过程中机翼的位置与形状的影响和作用；再如，一个城市的交通图是该城市（原型）的模型，看模型比看原型清楚得多，此时城市的人口、道路、车辆、建筑物的形状等都不重要，但是，城市的街道、交通线路和各单位的位置等信息都一目了然，这比看原型清楚得多。模型可以分为形象模型和抽象模型，抽象模型最主要的就是数学模型。

（二）数学模型

当一个数学结构作为某种形式语言（包括常用符号、函数符号、谓词符号等符号集合）解释时，这个数学结构就称为数学模型。换言之，数学模型可以描述为：对于现实世界的一个特定对象，为了一个特定目的，根据特有的内在规律，作出一些必要的简化假设，并运用适当的数学工具得到的一个数学结构。也就是说，数学模型是通过抽象、简化的过程，使用数学语言对实际现象进行的一个近似的刻画，以便于人们更深刻地认识所研究的对象。

数学模型并不是新的事物，自从有了数学，也就有了数学模型，要用数学去解决实际问题，就一定要使用数学的语言、方法去近似地刻画这个实际问题，这就是数学模型。事实上，人所共知的欧几里得几何、微积分、柯西积分公式、万有引力定律、能量转换定律、广义相对论等都是非常好的数学模型。我们设想，如果现在没有这些数学模型，那么，世界将是什么样子？

现实中能够直接使用数学方法解决的实际问题不多，然而，应用数学知识解决实际问题的第一步就是通过实际问题本身，从形式上看是从杂乱无章的现象中抽象出恰当的数学关系，也就是构建这个实际问题的数学模型，而构建这个实际问题的数学模型的过程就是数学建模的过程。

（三）数学模型与数学

数学模型与数学是不完全相同的，主要体现在三个方面。

（1）研究内容：数学主要是研究对象的共性和一般规律，而数学模型主要是研究对象的个性（针对性）和特殊规律。

（2）研究方法：数学的主要研究方法是演绎推理，即按照一般原理考察特定的对象，导出结论；而数学模型的主要研究方法是归纳加演绎，归纳是依据个别现象推断一般规律，归纳是演绎的基础，演绎是归纳的指导，即数学模型是将现实对象的信息加以翻译、归纳的结果，经过求解、演绎，得到数学上的解答，再经过应用回到现实对象，给出分析、预报、决策、控制的结果。

（3）研究结果：数学的研究结果被证明了就一定是正确的，而数学模型的研究结果被证明了却未必一定正确，原因是这与模型的简化和模型的假设有关，因此，数学模型的研究结果必须接受实际的检验。

然而，鉴于数学模型与数学的关系和区别，我们评价一个数学模型优劣的标准主要是：模型是否有一定的实际背景，假设是否合理，推理是否正确，方法是否简单，论述是否深刻，等等。

二、数学模型无处不在

目前，数学的应用已经渗透到了各个领域，或者说各行各业日益依赖数学，即当今社会正在日益数学化，而在数学的发展进程中，无时无刻都留下数学模型的烙印，在应用数学的各个领域到处都有数学模型的身影。基于数学模型的广泛应用，我们现在可以说数学模型无处不在，人人都会接触到它。例如，生活中的合理投资问题、养老保险问题、住房公积金问题、借贷买房问题、新技术的传播问题、流言蜚语的传播问题、传染病的流行问题、语言学中用词的变化问题、人口的增长与合理控制问题、教育与就业问题、经济核算与增长预测问题、城市发展与环境保护问题、交通运输与优化管理问题及各种资源的管理问题，等等。下面给出几个简单的例子。

（一）流言蜚语的传播问题

随着信息技术的快速发展和通信网络的普及，信息的传播途径越来越多，传播速度也越来越快，一般信息的传播规律有一定的普遍性，但不同信息的传播模式和效果也有一定的差异性，流言蜚语或小道消息也有一定的传播规律和传播效果，它们往往是在一定的人群、一定的范围和一定的时间段内按一定规律传播的，但问题是，它们的传播规律是什么样的呢？

假设某地区的总人口数为 N，在短期内保持不变，$x(t)$ 表示知道消息的总人数所占的百分比，初始时刻的百分比为 $x_0<1$，传播率为 h，则可以建立数学模型

$$\begin{cases} N\dfrac{\mathrm{d}x}{\mathrm{d}t}=hN(1-x) \\ x(0)=x_0 \end{cases}$$

这是一个常系数线性非齐次微分方程模型。

直接求解易得 $x(t)=\left(x_0-1\right)\mathrm{e}^{-ht}+1$，且 $\lim\limits_{t\to+\infty}x(t)=1$ 即意味着随着时间的增长，所有人都会通过传播途径知道这个消息，显然这是不符合实际情况的。

实际情况是未知者会从传播途径中得知，传播率为 h，而有一部分人虽然知道消息，但不会轻信，也不会去传播，于是可设不传播率为 r，则相应的数学模型为

$$\begin{cases} N\dfrac{\mathrm{d}x}{\mathrm{d}t}=N[h-(h+r)x] \\ x(0)=x_0 \end{cases},\quad \begin{cases} N\dfrac{\mathrm{d}x}{\mathrm{d}t}=N[h-(h+r)x] \\ x(0)=x_0 \end{cases},$$

这同样是一个常系数线性非齐次微分方程模型，直接求解得

$$x(t)=\left(x_0-\frac{h}{h+r}\right)\mathrm{e}^{-(h+r)t}+\frac{h}{h+r}.$$

于是有 $\lim\limits_{t\to+\infty}x(t)=\dfrac{h}{h+r}<1$，此结果表明，随着时间的增长，被传播的消息会慢慢地淡化，逐步被人们遗忘，这是符合实际情况的。

类似地，可以进一步研究一般信息的传播问题，适当考虑信息的传播模式、环境条件、干预与控制方法等因素，分析讨论正面信息与负面信息的传播问题、舆情信息的传播与控制问题等。

（二）儿童保险问题

0~17 岁的儿童都可以参加这种保险，投保金额可以趸交，也可以按年交，每份保险

金额为 1000 元。保险公司要求各年龄的儿童需交的投保金额如表 1-1 所示。

表 1-1　各年龄儿童的投保金额

投保年龄 / 岁	0	1	2	3	4	5	6	7	8
年交 / 元	599	652	714	787	872	973	1094	1242	1423
趸交 / 元	5978	6297	6649	7033	7449	7896	8377	8892	9445
投保年龄 / 岁	9	10	11	12	13	14	15	16	17
年交 / 元	1605	1888	2266	2795	3584	4886	—	—	—
趸交 / 元	10036	10669	11346	12070	12843	13669	14551	15492	16496

保险公司提供给被保险人的保险项目和金额为：

（1）教育保险金：被保险人到 18、19、20、21 周岁时每年可领取一份 1000 元的保险金。

（2）创业保险金：被保险人到 22 周岁时可以领取保险金额的 4.7 倍作为其创业保险金。

（3）结婚保险金：被保险人到 25 周岁时可以领取保险金额的 5.7 倍作为其结婚保险金。

（4）养老保险金：被保险人到60周岁时可以领取保险金额的60倍作为其养老保险金。

现在的问题是：如果被保险人能活到 60 岁，则：

第一，如果按存款年利率为 4.5% 计算，投保是否合算？

第二，如果按贷款年利率为 8% 计算，保险公司可以从中获利多少？

首先，假设投保人都能活到 60 岁；投保人的交款和保险公司的返回保险金均在年初进行；银行现行的存款、贷款利率不变；这里均按一份投保金额（1000 元）计算，记投保年龄为 $k(k=0,1,2,\cdots,17)$；按年交款额为 a_k，总交款额为 A_k =（18–h）a_k（k =0，1，2，…，14）；趸交款额为 B_k（k =0，1，2，…，17）；银行长期存款、贷款利率分别为 R_1 =4.5%，R_2 =8%。

其次，保险公司的收益都是很可观的，特别是按年交的收益相对高于趸交的收益，但是这都是在投保人每年刚交费，保险公司就立即去放贷投资，到下一年获得第一次收益的假设下得到的结果，这与实际可能会有一定出入。

最后，在现实生活中保险公司还承担着投保人的意外人身保险问题，所以在公司的收益中也包含着这部分风险费用，而在这里我们没有考虑这部分费用。

这个问题是一个实际应用问题，对于保险问题大家并不陌生，但一般人并不太关心保险项目设计的合理性和如何选择投保的问题。事实上，社会保险是与人民生活息息相关的事情，保险公司也不是公益事业单位，它是在保证自己收益的前提下，为社会大众服务，所以任何一个保险项目，都要考虑保险公司和投保人两个方面的利益。每一个项目都有适合的人群，对投保人来说，应该选择适合自己的项目和投保方式，虽然这里是针对儿童保险问题做的分析研究，但对其他任何一个保险项目来说也是类似的，这个问题的数学模型也很有代表性的意义，并且对于其他保险问题也都可以进行类似分析研究。

（三）应急设施的位置问题（AUMCM 1986-B）

1. 问题的提出

美国的里奥兰翘（Rio Rancho）镇迄今还没有自己的应急设施。1986 年，该镇得到了建立两个应急设施的拨款，每个设施都把救护站、消防队和警察局联合在了一起，图 1-1 指出了 1985 年每个长方形街区发生应急事件的次数，在北边的 L 形区域是一障碍，而在南边的长方形区域内有一个有浅水塘的公北园。应急车辆驶过一条南北向的街道平均要花 15 s，而通过一条东西向的街道平均要花 20 s，现在的任务是确定这两个应急设施的位置，使得总响应时间最少。

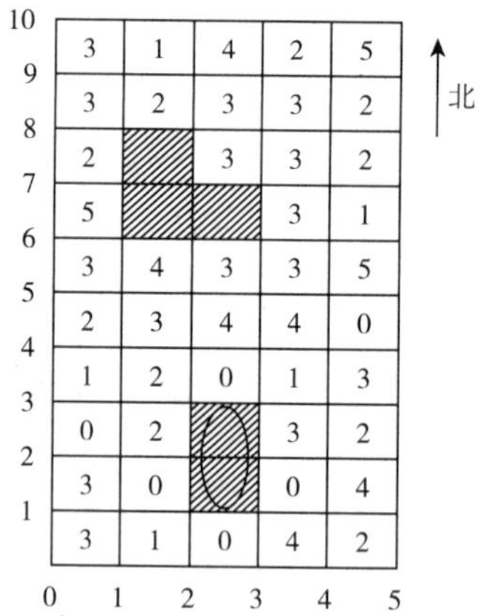

图 1-1　里奥兰翘镇应急事件情况示意图

（1）假定应急需求集中在每个街区的中心，而应急设施位于街角处；

（2）假定应急需求是沿包围每个街区的 2 条街道上均匀分布，而应急设施可以位于街道的任何地方。

2. 模型的假设

（1）两个障碍区域中均不需要应急服务；

（2）每年的应急事件数目比较小，可以认为在同一街区不会同时发生两个事件；

（3）忽略车辆拐弯和过十字路口的时间，仅考虑沿街道行驶的时间；

（4）两个设施的功能相同，当应急事件发生时，指挥中心总是从离事件发生地最近的应急设施派出应急车辆；

（5）1985 年，各街区的应急事件数是真实的，未来的需求分布不会与现在的需求相差太远；

（6）当连接两点的不同路径所用的时间相同时，路径可以任选其一。

3. 模型的建立与求解

模型Ⅰ：

除了上面的假设，假设在没有障碍的街区的应急事件均发生在街区中心，而应急设施的位置设在某街区的街角上，应急车辆作出响应的时间最短是指应急车辆及人员到达事件发生点的时间最短；这样可能的两个应急设施的位置点数只有有限个，因此，只需要检验每一对位置点对所有街区发生事件作出的响应时间，选择平均每一次事件应急车辆作出响应时间最短的那两个点建立坐标系，以左下角（西南角）为原点（0，0），东西为 x 轴，南北为 y 轴。图 1–2 为模型Ⅰ的两个设施位置。

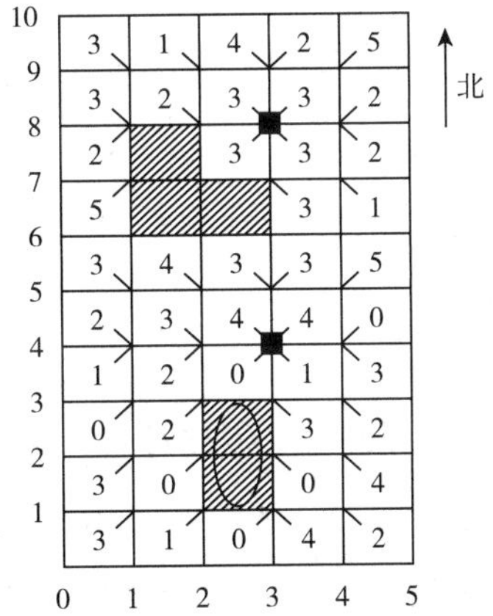

图 1–2　模型Ⅰ的两个设施位置

（1）一个位置点对某一街区发生事件的响应时间 = 位置点到街区的街道数 × 车辆行驶一条街道的时间 × 该街区发生事件的次数；

（2）一个位置点对全镇所有应急事件的响应时间总和 = 该位置点对所有街区的应急事件响应时间的总和；

（3）一个位置点对全镇任意一次应急事件的平均响应时间 = 总响应时间 / 事件的总数；

（4）取使应急车辆作出平均响应时间最短的那个对应的位置点为应急设施的位置。

两个设施到任一街区（X，Y）（距原点最近的街角坐标）的时间计算公式为

$$T_1 = |X_1-(X+0.5)|\times 20+|Y_1-(Y+0.5)|\times 15-17.5$$

$$T_2 = |X_2-(X+0.5)|\times 20+|Y_2-(Y+0.5)|\times 15-17.5$$

其中，（X_1, Y_1）表示第一设施的位置坐标，（X_2, Y_2）表示第二设施的位置坐标；

0.5 是因为 X,Y 分别表示街区左下（西南）角的坐标，（$X+0.5, Y+0.5$）是表示街区中心的坐标，设施到街区的距离为设施到街区中心的距离，“−17.5”是因车辆穿过一条东西街道要用 20 s，南北用 15 s，前面的距离算到了街区中心，而车辆行驶只到最邻近的街角上，因此穿过东西街道减去 10 s，穿过南北街道减去 7.5 s，取最邻近的一个设施所需的时间：

$$TM = \min\{T_1, T_2\}.$$

由以（X,Y）为坐标的街区发生事件的次数 $W(X,Y)$，可以求出两个设施到任意街区最邻近的街角所需的时间：

$$TOT = TM \times W(X,Y)$$

求总响应时间：$T=\sum TOT$

平均响应时间：$T/109\text{s}$

经计算可得，两个应急设施的位置分别为（3，4）和（3，8），并且可算出从这两个设施到任意一个街区最邻近的街角上的平均时间为 29.5 s，这是最佳的两个位置，其他的任何地方的响应时间都会大于 29.5 s，在建模时还注意到从这两个位置到邻近障碍区的街区并不因为障碍而增加时间。

模型Ⅱ：

除了前面的假设，假设每个街区的应急事件都发生在该街区四周的街道上，而且均匀分布，两个设施还是设立在街角上。图 1–3 为模型Ⅱ的两个设施位置。

基本上采用模型Ⅰ的方法，注意到由于可能的事件发生点在街道上均匀分布，为此，在每一条街道上的事件发生点不必一点点地考虑，可以认为每一条街道上发生的事件都集中在一点上（类似于均匀分布密度的直线质量可以认为集中在一点上质心），该点应该是从这一点到街角的距离等于到实际事件发生点的平均距离，这一点一定是在街道的中心，“每一个方形街区四周的每一条街道上发生事件的次数 = 该方形街区事件数的 $\frac{1}{4}$”，因此，“每一条街道上发生事件的次数 = 两个相邻街区事件数的 $\frac{1}{4}$ 之和”。

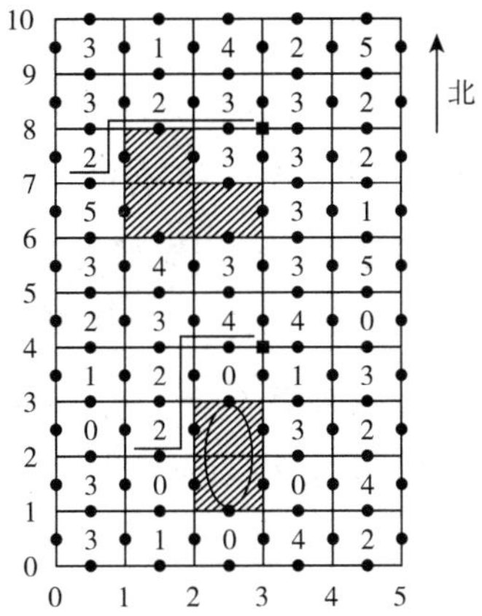

图 1-3　模型 II 的两个设施位置

首先求两个设施的位置到任意街道中心（事件点）处所需要的时间：

$$T_1=|X_1-X|\times 20+|Y_1-Y|\times 15,$$

$$T_2=|X_2-X|\times 20+|Y_2-Y|\times 15,$$

注：这里因应急车辆不需要到街区中心，也不需要过街道，所以不需要减 17.5 和加 0.5。

由 $TM=\min\{T_1, T_2\}$，再求两个设施到任意街道中心所需要的总时间，分为两个部分：

东西方向的总时间为

$$TOT=TM\times\frac{1}{4}[W(X-0.5,Y)+W(X-0.5,Y-1)].$$

南北方向的总时间为

$$TOT=TM\times\frac{1}{4}[W(X,Y-0.5)+W(X-1,Y-0.5)].$$

最后求总的响应时间：　　　$T=\sum TOT$

平均响应时间为 $T/109$s。

经计算可得，两个设施的最合适位置是（3，4）和（3，8），同模型Ⅰ，平均响应时间为 47.0 s. 从响应时间来看模型Ⅱ比模型Ⅰ多了 17.5 s，这是由模型Ⅱ的条件决定的，主要是模型Ⅱ的车辆可行驶到实际事件点，而模型Ⅰ中的车辆只能到发生事件的街区最邻近的角上。

该模型从分布图上可以看出，车辆到绕过障碍区的街道上去也不会增加时间。

4. 模型的分析

（1）因为问题中给出的仅是1985年一年的事件分布数据，模型中不可能做更多的计算，或者作图等，如果所给数据覆盖几年的话就好了，模型中对于障碍没有充分的考虑，当然如果给出环绕障碍物弯曲的有关数据，可以做得更好，但模型会更复杂。

（2）模型中全部忽略了车辆转弯的时间，这种假设不会有太大的影响，对模型Ⅰ的任何路线至多有一个转弯，对模型Ⅱ只有两条路线有两个转弯，其他至多有一个转弯。

（3）在前面的假设中，设施的应急车辆只被派往正常范围内的应急事件点，即便是被派往正常范围以外，影响也不大。

（4）假设中把应急设施设在街道交叉口处，可对任何方向的应急事件灵活地作出响应，指挥中心可以随机应变地调动车辆，使之更容易转弯、调头等。

（四）几个简单的数学建模问题

问题1：储蓄问题

张老师现有本金N元，打算留给孩子10年以后上大学使用，他想以“整存整取”的方式存入银行，请你根据银行现行的“整存整取”利率表（分三个月、半年、一年、两年、三年、五年、八年），选择一种合适的存款方式组合，使10年后获息最多。

问题2：贷款修路问题

某市政府拟贷款10亿元人民币修建一条高速公路，年利率为8%，按设计方案预测公路建成后每天收车辆过路费35万元，另外，每年养路费和职工工资等开支费用为2000万元，问：

（1）该市政府需要多少年才能还清这笔贷款？

（2）如果每天所收的车辆过路费只有30万元，那么该市政府能否还清贷款？

（3）如果银行要求必须在15年内还清贷款，那么每天收过路费至少要多少元？

问题3：安全跳伞问题

从正在高空飞行的飞机上跳伞是一项刺激而有乐趣的运动。跳伞者下降的第一阶段是做自由落体运动，持续一段时间后，打开降落伞完成软着陆。按照跳伞理论，跳伞者安全软着陆就相当于他从3.66 m高的墙上跳下来，设飞机以125 m/s的速度在500 m的高空水平飞行，试建立跳伞运动的模型，并据此确定打开降落伞的最佳高度。

问题 4：军用设备的海中投放问题

军方需要用轰炸机定点空投一军用球型设备到某海域，飞机速度为 100 m/s，球型设备半径为 0.1 m，密度为 0.85 kg/m^3，当地海水密度为 1.03 kg/m^3。若此设备在水中的摩擦力的方向与速度的方向相反，且大小成正比，比例系数为 0.5。

（1）军方希望球型设备不要落入比 65 m 还深的海水里，请你分析飞机当时飞行的高度应为多少？

（2）军方也关心球型设备停在海面上时的位置，请你确定出具体的相对位置。

（3）试描述球型设备的轨迹特征，并画出球型设备的运动轨迹示意图。

问题 5：雷达测船问题

一艘缉私艇在海面上沿直线匀速行驶，速度为 30 km/h，艇上装有一部雷达可用来测距、测角，船长关心的是周围目标哪些是活动的船，哪些是不动的岩石。若是活动的船，请按下面假设分析有关因素，给出船的运动方向和速度。

（1）若艇上雷达测距、测角是准确的，请给出你的测试方法和结论。

（2）若船长在 40 min 前测得一目标距离 d_1 =50 km，与该艇的前进方向成角 α，α =80°，现测得此目标距离 d_2 =75 km，与该艇的前进方向成角 β，β =105°，请给出你的判别方法和结论。

（3）进一步考虑，若测试数据存在一定误差，试讨论误差对判别结果的影响。

第三节　数学建模的方法和步骤

一、数学建模的方法

数学建模一般是通过问题的实际背景，给出一些已知信息，这些信息可以是一组实测数据或模拟数据，也可以是若干参数、图形，或者仅给出一些定性描述，依据这些信息建立数学模型的方法有很多，但从基本解法上可以分为五大类：

（一）机理分析方法

机理分析方法主要是根据实际中的客观事实进行推理分析，用已知数据确定模型的参数，或直接用已知参数进行计算。

（二）构造分析方法

构造分析方法首先要建立一个合理的模型结构，再利用已知信息确定模型的参数，或对模型进行模拟计算。

（三）直观分析方法

直观分析方法需要通过对直观图形、数据进行分析，对参数进行估计、计算，并对结果进行模拟。

（四）数值分析方法

数值分析方法指的是对已知数据进行数值拟合，可选用的方法有插值方法、差分方法、样条函数方法、回归分析方法等。

（五）数学分析方法

数学分析方法是用“现成”的数学方法建立模型，如图论、微分方程、规划论、概率统计方法等。

在实际建模的过程中，根据问题的实际背景和已知信息选择适当方法，并尽量使用“现成”的数学方法。如果已知信息不明确，或不完整时，可以进行适当补充或舍弃，甚至可以修改题目的条件、参数和数据，也可以先做最简单的模型，然后逐步地完善改进。

数学建模或参加建模竞赛一般应具备的方法和知识：一是要掌握常用的建模方法，如机理分析法、层次分析法、差分法、图论法、插值与拟合法、统计分析法、优化方法等；二是要有广泛的知识，特别是必备的数学知识，如微分方程、概率统计、规划论、图与网络、数值计算、排队论、对策论、决策论等；三是应了解一些现代应用数学的知识，如模糊数学、灰色理论、时间序列、神经网络等，这些都是数学建模教学的内容。数学建模所需要的知识首先是“广”，其次才是“精”，同时，在教学中还应介绍一些典型的数学模型案例，以及实际的政治、经济、工业、农业、商业管理和日常生活中的建模实例等内容。

二、数学建模的步骤

数学建模是一种创造性的过程，它需要相当高的观察力、想象力和灵感。数学建模的过程是有一定阶段性的，而且要解决的问题都是来自于现实世界之中的。数学建模的过程就是对问题进行分析、提炼，用数学语言作出描述，用数学方法分析、研究、解决，最后回到实际中去，应用于解决和解释实际问题，乃至更进一步地作为一般模型来解决更广泛的问题。数学建模的流程为“从实际问题出发→经过抽象、简化问题，明确变量和参数→根据某种定律建立变量和参数之间的数学关系，即数学模型→用解析方法或近似数值方法求解数学模型→解释和验证求解结果→通过验证之后应用于实际”。

现在，对我们来说，这一过程为：“针对实际问题进行分析→通过抽象简化，给出模型的假设→利用数学方法建立模型→借助于计算机等方法求解模型→对模型的结果进行分析与检验→写出论文或研究报告→应用于实际”。

（一）问题的分析

数学建模的问题，通常都是来自各个领域的实际问题，没有固定的方法和标准的答案，因而既不可能明确给出该用什么方法，也不会给出恰到好处的条件，有些时候所给出的问题本身就是含糊不清的。因此，数学建模的第一步就应该是对问题所给的条件和数据进行分析，明确要解决的问题，通过对问题的分析，明确问题中所给的信息、要完成的任务和要做的工作、可能用到的知识和方法、问题的特点和限制条件、重点和难点、开展工作的程序和步骤等。同时，还要明确题目所给条件和数据在解决问题中的意义和作用、本质的和非本质的、必要的和非必要的等，从而，可以在建模的过程中，适当地对已有的条件和数据进行必要的简化或修改，也可以适当地补充一些必要的条件和数据。

（二）模型的假设

实际上，根据问题的实际意义，在明确建模目的基础上，对所研究的问题进行必要的、合理的简化，用准确简练的语言给出表述，即模型的假设，这是数学建模的重要一步。合理假设在数学建模中除了起着简化问题的作用，还对模型的求解方法和使用范围起着限定作用，模型假设的合理性问题是评价一个模型优劣的重要条件之一，也是建立模型的成败的关键所在。假设做得过于简单，或过于详细，都可能使模型建立得不成功。为此，实际上要作出合理、合适的假设，需要一定的经验和探索，有时候需要在建模的过程中对已做的假设进行不断的补充和修改。

（三）模型的建立

在建立模型之前，首先要明确建模的目的，因为对于同一个实际问题，目的不同，所建立的数学模型就可能会有不同。在通常情况下，建模的目的可以是描述或解释现实世界的现象；也可以是为了预测一个事件是否会发生，或未来的发展趋势；还可以是为了优化管理、决策或控制等。如果是为了描述或解释现实世界，则一般可采用机理分析的方法去研究事物的内在规律；如果是为了预测、预报，则常常可以采用概率统计、优化理论或模拟计算等有关的建模方法；如果是为了优化管理、决策或控制等，则除了有效地利用上述方法，还需要合理地引入一些量化的评价指标及评价方法。对于现实中的一个复杂的问题，往往是要综合运用多种不同方法和不同学科的知识来建立数学模型，才能够很好地解决这一个问题，在明确建模目的的基础上，在合理的假设之下，就可以完成建立模型的任务，这是我们数学建模工作中最重要的一个环节。根据所给的条件和数据，建立问题中相关变量或因素之间的数学规律，它们可以是数学表达式、图形和表格，或者是一个算法等，都是数学模型的表示形式，这些形式有时可以相互转换。

（四）模型的求解

不同的数学模型的求解方法一般是不同的，通常涉及不同数学分支的专门知识和方法，这就要求我们除了熟练地掌握一些数学知识和方法，还应具备在必要时针对实际问题学习新知识的能力，同时，还应具备熟练的计算机操作能力，熟练掌握一门编程语言和使用一两个数学工具软件包，不同的数学模型的求解难易程度是不同的。一般情况下，对较简单的问题，应力求普遍性；对较复杂的问题，可用从特殊到一般的求解思路来完成。

（五）解的分析与检验

对于所求出的解，必须要对解的实际意义进行分析，即模型的解在实际问题中说明了什么、效果怎样、模型的适用范围如何等，同时，还要进行必要的误差分析和灵敏度分析等工作。由于数学模型是在一定的假设下建立的，而且利用计算机的近似求解，其结果产生一定的误差是必然的，通常意义上的误差主要来自模型的假设引起的误差、近似求解方法产生的误差、计算机产生的舍入误差和问题数据本身的误差。在实际中，我们很难对这些误差给出准确的定量估计，往往是针对某些主要的参数做相应的灵敏度分析，即当一个参数有很小的扰动时，对结果的影响是否也很小，由此可以确定相应变量和参数的误差允许范围。

（六）论文写作

因为数学建模工作的目的是解决实际问题，所以工作完成以后要写出一篇论文，即写出一篇研究报告，论文的内容要力图通俗易懂，能让人明白你用什么方法解决了什么问题，结果如何，有什么特点，为此，应尽可能使论文的表述清晰、主题明确、论述严密、层次分明、重点突出、符合科技论文的写作规范。同时，要注意论文的写作工作要贯穿始终，并在建模的每个阶段都应该把你的主要思路和工作写下来，这是论文写作时的第一手材料。

（七）应用实际

对于所建立的数学模型及求解结果，只有拿到实际中去应用检验后，才能被证明是正确的，否则，就需要修正模型的假设或条件，重新建立模型，直到通过实际的检验，方可应用于实际。

第四节　数学建模与能力培养

学习数学建模这门课程和从事这方面的工作，有助于扩大学生的知识面，培养和提高学生综合运用所学知识解决实际问题的能力，即“数学建模的能力”。具体地讲，数学建模有利于培养以下几个方面的能力。

一、丰富灵活的想象能力

数学建模要解决的问题往往都需要多学科的知识和多种不同的方法，因此，需要我们具备丰富的想象能力，有人说：“想象力是最高的天赋——是一种把原始经历组合成具体形象的能力，一种把握层次的能力，一种把感觉、梦幻和理想等对立因素融合成一个统一整体的能力。”

二、抽象思维的简化能力

实际中的问题往往都是很复杂的，数学建模的过程就是通过对问题进行抽象、简化将其转化为数学问题，因此，这种抽象思维的简化能力是必不可少的。数学建模的学习和训练有利于培养这种能力。

三、一眼看穿的洞察能力

洞察能力是一种直觉的领悟，是把握事物内在的或隐藏的和本质的能力，简言之，就是“一眼看穿”的能力。这种能力对于数学建模是非常重要的，但需要经过艰苦的、长期的经验积累和有针对性的训练。

四、发散思维的联想能力

发散思维是发明创造的一个有力武器，在数学建模的过程中，通过某些关键信息展开联想，这是一种“由此及彼，由彼及此”的能力。

五、与时俱进的开拓能力

随着社会的进步和发展，科学技术也快速地发展，现实中的问题复杂多变，数学建模也必须要与时俱进，发扬开拓精神，培养创新能力。这也是新型创新人才素质的一部分。

六、学以致用的应用能力

学以致用是21世纪高素质应用型人才具备的一种素质，因为一个人掌握的知识总是有限的，但解决实际问题需要的知识相对是无限的。因此，我们必须具备这种急用先学、学以致用的应用能力，数学建模是培养我们这种能力的一种有效途径。

七、会抓重点的判断能力

数学建模问题所给的条件和数据往往不是恰到好处的，有时也可能是杂乱无章的，这就要求我们具备特有的一种会抓重点的判断能力，充分利用已知信息，寻找突破口，来解决问题。

八、高度灵活的综合能力

因为数学建模的问题是综合性的，解决问题需要的知识和方法也是综合性的，因此，我们的能力也必须是综合性的，否则，我们将会“只见树木，不见森林”，不可能完整地解决问题。

九、使用计算机的动手能力

数学建模必须要熟练掌握计算机的操作，以及工具软件的使用和计算编程，这是因为对实际问题进行分析和建立数学模型以后的求解都有大量的推理运算、数值计算、作图等工作，这些工作都需要通过计算机和软件技术来实现。

十、信息资料的查阅能力

信息资料的查阅能力是科技人才必备、数学建模必需的能力。

十一、科技论文的写作能力

论文的写作能力是数学建模的基本技能之一，也是科技人才的基本能力之一，是表达我们所做工作的重要方式。论文可以让读者清楚地知道用什么方法解决了什么问题，结果为何，效果怎么样，等等。

十二、团结协作的攻关能力

数学建模都是以小组为单位开展工作的，体现的是团队精神，培养的是团结协作的能力，也是未来科研工作必备的能力，不具备这种能力的人则将面临多种困难。

第二章

数学建模的技能与模型分析

第一节 数学建模的基本技能

一、列因素、作假设

在数学建模的过程中，最困难的事通常是找出解决问题的方法。当发现问题时，首先要对其进行仔细分析，这对于数学建模的初学者来说是尤为重要的。通过分析研究找出有关问题的所有定量或定性因素，以及各个因素之间的关系式。定量因素可以分为三类：常量、参量和变量。可以将特定问题的定量因素看作常量，当问题不同时常量也会有所不同，这时可以将其称为参量。变量可以分为随机的变量、确定的变量、连续的变量及离散的变量四种类型。在具体实践中，解决一个问题需要考虑很多相关因素，这时要注意分辨，要重视那些重要因素，忽略那些无关紧要的因素。在对因素进行分析时，还要注意区分自变量（输入变量）和因变量（输出变量）。虽然自变量会对模型产生一定的影响，但是自变量的性状特征与目标模型所需研究的因素无关，而因变量的性状特征为目标模型的研究因素。通常情况下，具有一定建模经验的人可以更好地区分自变量与因变量，因为他们对问题的理解与分析会更加透彻。但对于一些问题，这些有经验的建模者也无法解决，而这些问题可能会导致某些重要的影响因素被忽略。为了更好地进行建模，在建模之前需要作出适当的假设，通过假设进行筛选，筛选出影响问题的重要因素，抓住问题的本质进行提炼、总结和描述。建模中的各个影响因素就像建造房屋所需的砖块，假设就像有组合作用的水泥，水泥可以将各个砖块固定，而假设可以将因素聚合在一起。所以在建模过程中，假设起着至关重要的作用。通常情况下，假设可以分为两种，一种是对问题的提炼和凝缩，另一种是对某一类数学方法的沿用，而具体应用哪种假设就要根据实际情况而定。

因为不同的数学建模所需的应用理论是不同的，不同的理论所需的应用条件也有所不同。

建模初学者在建模时要注意记录自己所有的假设，这样不仅便于建模工作的进行，也为其他建模者了解该建模的思路及过程提供了便利。由于每种假设都会得出一种与之对应的模型，所以对同一问题构建模型常常会得出很多备选模型，而每种模型都具有不同的优缺点，这时就需要建模者依据实际情况进行适当取舍。

模型构建完成后要综合多种影响因素对模型进行优化。一个好的模型要求不仅要反映问题的本质，而且不能太过复杂，否则会对模型求解产生很多不利影响。这就要求建模者具有一定的能力及经验。

特别需要注意的是，在进行模型假设时要注重假设与问题的关联性，这关系到整个模型的适用性。

例 1（洗盘子）：酒店和餐馆每天都有大量的盘子需要清洗，通常情况下，人们用热水清洗盘子，因为热水的洗涤效果更好，但是需要注意的是水温不可过高，否则可能造成烫伤。在清洗盘子的过程中，水温会渐渐下降，降低到一定程度就会影响洗涤效果，这时需要更换新的水洗涤。请针对一池水可以完成多少盘子的清洗工作这一问题来建立数学模型。

解：经过分析可以发现，水、盘子、空气及水池为该问题的相关因素，这里先将水池的因素忽略，只考虑如下因素：

对于水这一因素，需要考虑水的表面积、水的初始温度、水的最后温度、水的质量及水的热容量等；对于盘子这一因素，需要考虑盘子的大小、盘子的初始温度、盘子的最后温度及盘子的数量和热容量等；对于空气这一因素，需要考虑对流及气温等。

为了更方便地进行建模，可以作出如下假设：

①在清洗盘子时，水池内水的质量不会发生变化，为一个固定常数；

②每次只能清洗一个盘子，同时每个盘子在水中的清洗时间为 t；

③时间要足够长，这样才能保证盘子可以被清洗干净；

④清洗每一个盘子所用的时间都是相同的，但是从实际出发会发现，这种假设是不符合实际的。因为随着时间的推移，池内水的温度会有所下降，每个盘子的清洗时间便会延长。但是，为了不增加模型的复杂程度，在精度允许的条件下认定这种假设是合理的；

⑤在初始阶段，气温和盘子的温度相同；

⑥水池不和其他任何物质发生热量交换；

⑦池中水的热量损失主要来源于三个方面：水与盘子之间的热量传导、水对脏物溶

解时的热量传导、水的散热与对流现象。

通过以上假设可以得出该问题的影响因素，见表 2–1。

表 2–1 “洗盘子”数学模型的影响因素

描述	变量类型	符号	单位
盘子数	变量	N	个
盘子的质量	变量	M_p	kg
空气温度	参数	T_a	K
水温	变量	T_u	K
初始水温	参数	$T_u(0)$	K
最终水温	参数	T_f	K
水的质量	参数	M_u	kg
水的表面积	参数	A	m^2
从水到空气的热交换系数	参数	h	$W/(m^2 \cdot K)$
盘子的热容量	参数	C_p	$J/(m^3 \cdot K)$
水的热容量	参数	C_u	$J/(m^3 \cdot K)$

给出一些具体的数据作为参考：C_p =600 J/(m^3・K)（陶瓷），C_u =4200 J/(m^3・K)，M_p =0.5 kg，M_u =15 kg，T_u =20 ℃，T_u（0）=60 ℃，A =0.1 m^2，T_f =40 ℃，h = 100 W/(m^2・K)。

该模型主要运用热能守恒的思路来建立，这里不再赘言。

二、数据的作用与收集

通常，数据是经过观察及测量得到的，而且需要在研究实际问题的过程中不断地进行归纳总结，并且是一种量化的资料。数据可以比较直观、清晰地反映实际状况，但是也具有片面性的缺点，可能带来一定的误差。即使是这样，数据在数学建模中也起着重要的作用，主要表现为以下几点。

①在数学建模中，数据可以帮助我们形成一定的建模思想；

②在建模过程中，通过数据可以对参数进行分辨，确定有关参数的值；

③通过数据可以对建模进行测验。

在数学建模过程中，并不是所有的数据都是准备好的，很多数据要通过主动收集才可以得到。在收集数据时要注意以下几点。

①在收集数据时要对数据进行判断，明确哪些是有用的数据，哪些是多余的数据。除此之外，还要留意数据是否充足，是否需要进行补充；

②可以通过以下方式收集数据：第一，求助问题的发布者，询问是否有现成数据可以直接利用；第二，通过实验或其他方式获取数据；第三，自行查阅相关资料获得有用数据；

③获取相应数据后要对数据进行适当处理。要根据需要使用统计等手段对所有资料进行处理和转化。很多数据比较混乱，没有相应的规则，这时就需要通过自身的能力发挥创造性，对数据进行处理。数据处理的质量对模型构建的质量有着非常重要的影响。

三、误差与精度

数据的误差是无法避免的，因为通常情况下的数据都是通过观察或者测量的方法得到的，无法保证数据的精准性。但是，数据的误差会影响模型的精准度。通常情况下，在数据、模型假设及近似方法求解中容易出现误差并导致模型误差。

因为误差是无法避免的，模型的预测也可能会出现误差，所以我们要有所防备，做好误差估计工作。一般情况下，我们可以使用相对误差和绝对误差的方式对误差进行描述。

绝对误差 = 真实值 − 近似值；相对误差 = 绝对误差 / 测量值，常常用百分比来表示。

为了最大限度地减小误差，我们可以对误差的来源进行检查与测验。

①通常情况下，只根据假设是无法对误差进行估算的，因为假设本身就具有一定的误差。为了将误差控制在一定范围内，可以视情况对假设作出调整；

②从某种意义上讲，完全准确的数学解是没有办法实现的，为了提高效率，我们常常会利用计算机进行运算，且采用近似方法求解会更加便利。所以在进行数值运算时，所产生的误差可能是计算方式造成的。

③计算机的内存也可能是误差产生的原因。在进行大规模运算时，这些误差可能会聚集，从而加重其产生的影响；

④在理想状况下，对数据中最大的误差进行估计是可以实现的。若出现各类误差混合在一起的状况，那么在进行数学建模时要估计最坏的结果，同时对相应的最大误差源进行说明。

第二节　数学描述与建模

一、比例关系

在建模过程中，常常要把一些语言表达翻译成适当的数学形式。比如，一个变量与另一个变量有正比关系，与之对应的数学表达式可为 $y=kx$，其中 k 为比例常数。如果对于某个特定的 x，已知 y 的值的话，就可以得出 k 的值。

如果 y 既与 x_1 成比例又与 x_2 成比例，则其数学表达式为 $y=kx_1$，$y=kx_2$。而 $y=k_1x_1+k_2x_2$ 的含义是当 x_1 增加一个单位时，y 增加 k_1 个，当 x_2 增加一个单位时，y 增加 k_2 个。另外，“当 x 增加而 y 减少”解释为线性关系：$y=y_0-ax\quad(a>0)$ 或反比关系 $y=k/x$。若要确定具体为哪一种形式就需要更多的信息。

例 2（销售问题）：在夏季商品交易会上，冰激凌销售者要预测其冰激凌的销售量，而他认为销售量与下列因素有关：

①与来参加交易会的人数 n 成正比；

②与超过 15 ℃的温度成正比；

③与其价格成反比。

试建立一个适当的模型。

解：设冰激凌销售量为 A，温度为 T，并用 p 记价格。利用上述比例关系，可以得到所求的模型为

$$A=kn(T-15)/p\,. \tag{2-1}$$

例 3（冷却问题）：将初始温度为 150 ℃的物体放在温度为 24 ℃的空气中冷却。10 min 后，物体的温度降为 T（10）=100 ℃，问 20 min 后，物体的温度是多少？

解：问题涉及的是一种必然的物理现象，这是一个确定型的数学模型。由牛顿冷却定律可知，物体在空气中的冷却速度与该物体的温度和空气温度之差成正比。

设物体的温度 T 随时间 t 的变化规律为 $T=T(t)$，则所要建的数学模型为

$$\frac{\mathrm{d}T}{\mathrm{d}t}=-k(T-24),T(0)=150^\circ\mathrm{C}\,. \tag{2-2}$$

其中，$k>0$ 为比例常数，负号表示温度是下降的。

由于这个模型是一阶线性常微分方程，容易求得其特解为

$$T=126\mathrm{e}^{-k_1}+24\ . \tag{2-3}$$

由初始条件 T（10）=100 ℃，可得出 $k\approx 0.05$，于是

$$T=126\mathrm{e}^{-0.05t}+24\,. \tag{2-4}$$

令 t=20，就得到

$$T(20)\approx 40^{\circ}\mathrm{C}+24^{\circ}\mathrm{C}=64^{\circ}\mathrm{C}\,. \tag{2-5}$$

二、函数关系

对于建模者来说，熟悉一些最常见的函数，如 $y=at-bt^2$，$y=y_0\mathrm{e}^{-at}+b$，$y=y_0t\mathrm{e}^{-bt}$，$y=-a\sin wt$，以及 $y=a\mathrm{e}^{-bt}\sin wt$ 等的图像、性态是十分重要的。在建模过程中，常常会碰到需要构造一个适当的函数来刻画某个特定事件的情况。

比如，因为夏天天气炎热，冰激凌会受到广泛欢迎。同时，在天气最热的时候，冰激凌的销量也是最大的，请选择合适的函数对此种现象进行描述。

起初，我们可能会觉得这是一个比较难以解决的问题，但是进行进一步研究就会发现，假设每天的销售总量是已知的，如取 1000；销售的时间可以认为是从上午的 10 时到下午的 6 时。冰激凌的销售过程虽然是离散的，但其销售量可以被看作一个连续的过程。销售量从 10 时的 0 持续上升至中午的高峰，然后又降到下午 6 时的 0。如果用 $I(t)$ 来描述到时刻 t 的销售量，其中 t 用小时来计，如 t =10 对应上午的 10 时，那么问题就转化为：选择怎样的函数 $I'(t)$ 可以使 $\int_{10}^{15}I'(t)\mathrm{d}t=1000$。如果选取 $I'(t)=a\sin wt$，显然有些不妥，因为对某些 $t,\sin wt$ 会取负数，所以更好的形式应为 $I'(t)=a\sin^2 wt$。注意到销售的时间及在两端的销售量，最后取：

$$I'(t)=\begin{cases} a\sin^2\left[\dfrac{\pi(t-10)}{8}\right], & 10<t<18 \\ 0，\text{其他时间} \end{cases}\ . \tag{2-6}$$

其中，a 是待定的参数。为此，积分下式：

$$\int_{10}^{18}a\sin^2\left[\frac{\pi(t-10)}{8}\right]\mathrm{d}t=1000, \tag{2-7}$$

解得 a =250。

这样，所构造的函数的最后形式为

$$I'(t) = 250\sin^2\left[\frac{\pi(t-10)}{8}\right].\tag{2-8}$$

这意味着在一天中，下午 2 时是销售的最高峰，每小时可以销售 250 盒，即每分钟大约销售 4 盒。

三、几何模拟方法

几何模拟方法是指对一个复杂的问题进行简化、抽象，最后将其转化为一个几何问题后解决。通常情况下，运用几何模拟法解决问题的过程也是对答案的准确性进行验证的过程。

经过进一步研究可知，为了描述椅子的着地状况，可以先描述椅子腿与地面之间的距离，但是要注意决定这段距离的唯一因素是椅子的位置。正方形是中心对称的，这样椅子的位置可用绕中心旋转的角 θ 来确定，所以椅子的腿与地面之间的距离是与 θ 有关的函数。

四、类比分析方法

类比就是由两个对象的某些相同或相似的性质，推断它们在其他性质上也有可能相同或相似的一种推理形式。那么，在数学建模中要怎样发现对象之间的类比关系呢？在数学建模中，如果两个对象是不同的，但是可以运用同一个数学模型来进行描绘和表述，那么它们就具有类比关系。类比分析方法是非常实用的，应用的范围也非常广泛。

（一）德布罗意公式

为了对实物粒子做定量的描述，法国物理学家德布罗意（Duc de Broglie）在大量实验研究的基础上作出了下述类比：

光具有波粒二象性，并且有方程式：

$$E = h\nu, \lambda = \frac{h}{p}.\tag{2-9}$$

其中，E，ν，p 和 λ 分别表示能量、频率、动量和波长，h 为普朗克常数。而实物粒子也具有波粒二象性，于是在 1924 年，德布罗意猜想，实物粒子也可能有方程式：

$$E = hv, \lambda = \frac{h}{mv}. \tag{2-10}$$

（二）人体肌肉的类比模型

人体的肌肉是具有弹性的，比如人在对外用力的时候会出现这种情况，当人提起某一具有一定重量的物品时，人体肌肉会被拉伸。因为肌肉处于伸缩运动状态，所以会产生一定的热量。通过这点可以用类比分析法推算出，在肌肉组织进行拉伸运动时，一部分机械能做功，而另一部分则变为热能。可用一个理想的弹簧阻尼器来类比一束肌肉的物理模型，其中弹簧类比于肌肉的弹性，而阻尼器则类比于肌肉的摩擦现象。

第三节　参数的辨识

由前述可知，建立数学模型实质上就是寻找变量间的关系，但这也不可避免地要包含参数。例如，冷却问题的模型：

$$\frac{\mathrm{d}T}{\mathrm{d}t} = -k(T-24), T(0) = 150^{\circ}\mathrm{C}. \tag{2-11}$$

其中，$k>0$ 是参数。对于一般情形，可以用描述的方式预测变量的一般性态。为将模型应用于特定的问题，必须得到参数的值，而这一点往往要依靠数据。用数据来获得参数的值，使得模型能应用于一个特定的问题，这样的过程被称为“参数的辨识”。参数辨识的方法有图示法、统计法或最小二乘估计法、其他数学方法三种。下面举例说明。

例 4：若一个录像机上有一个自带的计数器，该计数器的位数为四位数。如果对一个时长为 3 小时的录像带进行计数，从开始到结束，计数器上的数字分别显示为 0000 和 1649，但是经过实际测量发现整个过程所用的时间为 18520 s。当计数器上的数字显示为 0084 的时候开始计时，到计数器显示为 0147 的时候停止，整个过程耗时 201 s。请问：现有一盒录像带的计数显示为 1428，是否还可以录下一个时长为 60 min 的节目？

解：构造一个模型给出计数 n 与走时 t 之间的关系。

假设：

①录像带的厚度为常数，绕在一个半径为 r 的圆盘上；

②带子经过磁头的线速度 v 为常数；

③读数与带子的转数成比例。

设旋转了时间t后，带子的绕盘计数为n。

带子的总面积为$\pi\left(R^2-r^2\right)=\omega vt$，其中$R$为外半径，$\omega$为录像带的厚度。带子的长度$l$为$\pi\dfrac{R^2-r^2}{\omega}$，可得

$$R=\left(\frac{\omega vt}{\pi}+r^2\right)^{\frac{1}{2}}. \tag{2-12}$$

当转盘转过一个小角$\Delta\theta$时，带子就走过$\Delta l=R\Delta\theta$，并且$\Delta l=v\Delta t$。于是

$$\mathrm{d}\theta=\frac{v\mathrm{d}t}{R}=v\left(\frac{\omega vt}{\pi}+r^2\right)^{\frac{1}{2}}\mathrm{d}t\cdot \tag{2-13}$$

这样

$$\int_0^\theta \mathrm{d}\theta=\int_0^t v\left(\frac{\omega vt}{\pi}+r^2\right)^{-\frac{1}{3}}\mathrm{d}t, \tag{2-14}$$

$$\theta=\frac{2\pi}{\omega}\left[\left(\frac{\omega vt}{\pi}+r^2\right)^{\frac{1}{2}}-r\right],$$

根据假设③，有$n=k\theta$，由此可以得到下式：

$$n=\frac{2k\pi}{\omega}\left[\left(\frac{\omega vt}{\pi}+r^2\right)^{\frac{1}{2}}-r\right]. \tag{2-15}$$

在这个方程中的3个待定参数ω，v，r，均不易精确测得，虽然可以从上式解出t与n的函数关系，但效果不佳，故令

$$\alpha=\sqrt{\frac{v}{\pi\omega}}\cdot\beta=\frac{\pi r^2}{\omega v}. \tag{2-16}$$

把方程简化为

$$n=\alpha(\sqrt{t+\beta}-\sqrt{\beta}). \tag{2-17}$$

故

$$t=\left(\frac{n}{a}+\sqrt{\beta}\right)^2-\beta=\frac{1}{a^2}n^2+\frac{2\sqrt{\beta}}{a}n. \tag{2-18}$$

令

$$a = \frac{1}{a^2}, b = \frac{2\sqrt{\beta}}{a}. \tag{2-19}$$

式（2-17）又可简化为

$$t = an^2 + bn \tag{2-20}$$

上式以 a,b 为参数，为公式的最终确立，即参数求解提供了方便。代入表 2-2 中的数据有：

$$185.33 = (1849)^2 a + 1849b, \tag{2-21}$$

$$t_1 = 84^2 a + 84b, \tag{2-22}$$

$$t_1 + 3.35 = 147^2 a + 147b. \tag{2-23}$$

由式（2-22）与式（2-23）消去 t_1 再求解，得 a =0.0000291，b =0.04646，

$$t = 0.0000291n^2 + 0.04646n. \tag{2-24}$$

表 2-2　已知数据

t/min	n
0	0
185.33	1849
t_1（未知）	84
t_1+3.35	147

这里我们用了解代数方程组的数学方法，而没有用统计方法。这是由于所给数据不够充分。如果有一组数据，用统计的方法就能给出更可靠的模型系数 a 与 b 。

现在，我们可以用所求的模型来回答提出的问题。当 n =1428 时，t =0.0000291 × 1428²+0.04646 × 1428=125.69（min）。

录像带的剩余时间为 59.64 min，因此无法录下一个 60 min 的节目。

第四节　模型的简化与量纲分析法

通常情况下，一个模型会包含很多变量，所以会出现很多复杂的表达式。为了让模型变得更加简洁，通常要对模型进行简化处理。即使在一个模型中有很多变量，也无法保证该模型的准确性。在对模型进行简化时，有很多技巧可供我们使用。例如，如果一个变

量在某一模型中的作用很微小，那么为了使该模型更加容易被理解，可以忽略这个变量；若一个模型中的方程或表达式是由很多项组成的，那么在通常情况下，首先需要对各项的大小进行粗略计算，通过计算会发现一些作用很小的项，如果将其删除也不会对结果产生太大影响，这时就可以考虑删除这种项。

例 5：在某个星球表面发射火箭，发射方向为竖直向上，发射的初速度为v，已知该星球的半径为r，同时其表面的重力加速度为g，在整个发射过程中忽略阻力对其的影响，试求随着火箭发射时间t的改变，火箭发射高度x有着怎样的变化规律。

解：设x轴竖直向上，在发射时刻$t=0$时，火箭高度$x=0$（星球表面）。火箭和星球的质量分别记作m_1和m_2，则由牛顿第二定律和万有引力定律可得：

$$m_1\ddot{x}=-k\frac{m_1m_2}{(x+r)^2}. \qquad (2\text{–}25)$$

将$x=0$时$\ddot{x}=-g$代入上式，并注意初始条件，抛射问题满足如下方程组：

$$\begin{cases}\ddot{x}=-\dfrac{r^2g}{(x+r)^2}\\ x(0)=0\\ \dot{x}(0)=v\end{cases}. \qquad (2\text{–}26)$$

上式的解可以表示为$x=x(t;r,v,g)$，即发射高度x是以r、v、g为参数的时间t的函数。我们需要将它无量纲化，并减少参数的个数。下面先对量纲的概念进行简单的介绍。

量在物理中可以被划分为两种类型，第一类是将测量单位规定好以后进行确定的量，这种量叫作有量纲的量；与第一类相对应的另一类就是无量纲的量，即不需要用单位就可以确定的量，比如π就属于无量纲的量。一些有量纲的量中有很多是基本的物理量的量纲，而另一些物理量的量纲则可以由基本量纲根据定义或某些物理规律推导出来。

有了上面的规定，可以将量纲的运算定义为

$$\begin{aligned}[][a]&=L^{\alpha_1}M^{\beta_1}T^{\gamma_1},\\ [b]&=L^{\alpha_1}M^{\beta_2}T^{r_i},\\ [ab]&=L^{\mu_1+a_2}M^{\beta_1+\beta_2}T^{r_2+\gamma_2},\\ \left[a^*\right]&=L^{\alpha}M^{\beta\cdot}T^{\gamma_*}.\end{aligned} \qquad (2\text{–}27)$$

任意三个量$\left[a_i\right]=L_{\beta_i}M_{e_i}T_{\gamma_i}(i=1,2,3)$。

我们说它们是量纲独立的，如果存在一组不全为零的数S_1，S_2，S_3使得

$\left[a_1^{x_1}a_2^{x_2}a_3^{x_3}\right]=1$，则它们是量纲相关的。显然，基本量纲是独立的，若另外三个量能满足量纲独立条件的话，就可以用它们来代替l，m，t。例如，速度、力和时间是量纲独立的，而速度、长度和时间是量纲相关的。在上述问题中，如果取$P_1=r,P_2=rv^{-1},\left[P_1\right]=l$，$\left[P_2\right]=T$。于是新的变量是无量纲的，利用求导规则可以算出：

$$\dot{x}=v\frac{\mathrm{d}\bar{x}}{\mathrm{d}t},\ddot{x}=\frac{v^2}{r}\cdot\frac{\mathrm{d}^2\bar{x}}{\mathrm{d}\bar{t}^2}. \tag{2-28}$$

根据以上条件，可得出下列方程组：

$$\begin{cases}\varepsilon=\dfrac{\mathrm{d}^2x}{\mathrm{d}t^2}=-\dfrac{1}{(\bar{x}+1)^2}\\ \bar{x}(0)=0\\ \dfrac{\mathrm{d}x(0)}{\mathrm{d}t}=1\end{cases}. \tag{2-29}$$

上式的解可表示为

$$\tilde{x}=\tilde{x}(\tilde{t};\ \varepsilon). \tag{2-30}$$

它只含有一个独立参数ε，而ε是无量纲的量，这样就简化了原来的结果。经过相应的推导和计算可以很容易地发现，通过运用无量纲化的方法可以使参数的个数减少，让数学模型得到相应的简化。同时，这种方法也可以让方程式中的变量与量纲不存在关系。但是可以运用的方法并不只有无量纲化方法一种，比如也可以令$P_1=v^2g^{-1}$，$P_2=vg^{-1}$等。

接下来将介绍一种用来分析建模的方法——量纲分析，即通过使用量纲齐次化的原理将各物理量之间的关系厘清。需注意的是，处于等号两边的量纲必须保持一致。

例如，诸多物理系统的数学模型中包含周期振荡。一个特别普遍的模型是基本的“弹簧—质量—阻尼”系统。这样一个系统的运动规律可以由下列微分方程表示：

$$m\frac{\mathrm{d}^2x}{\mathrm{d}t^2}+r\frac{\mathrm{d}x}{\mathrm{d}t}+kx=0. \tag{2-31}$$

其中，m表示质量，r表示阻尼常数，k表示弹性系数。

考察一下这个方程的量纲，则会发现：

$$\frac{ML}{T^2}+[r]\frac{L}{T}+[k]L=0. \tag{2-32}$$

其中，$[r]=MT^{-1},[k]=MT^{-2}$。

式（2–31）中有两个变量：x和t，三个参量：m，r，k，可以通过改变量纲来减少参量。

设 $x = aX, t = bT$，其中 X 和 T 是新的无量纲的变量，a，b 是参数。显然，a 的量纲是 X，b 的量纲是 T，取 $a=x$（0）。应如何选择 b？

由变量的定义可得：

$$\frac{\mathrm{d}x}{\mathrm{d}t} = \frac{a\mathrm{d}X}{b\mathrm{d}T}, \tag{2-33}$$

$$\frac{\mathrm{d}^2x}{\mathrm{d}t^2} = \frac{\mathrm{d}}{\mathrm{d}t}\left(\frac{\mathrm{d}x}{\mathrm{d}t}\right) = \frac{\mathrm{d}}{\mathrm{d}t}\left(\frac{a\mathrm{d}X}{b\mathrm{d}T}\right) = \frac{a}{b^2}\cdot\frac{\mathrm{d}^2X}{\mathrm{d}T^2}. \tag{2-34}$$

这样方程就可简化为

$$\frac{\mathrm{d}^2X}{\mathrm{d}T^2} + \frac{br}{m}\cdot\frac{\mathrm{d}X}{\mathrm{d}T} + \frac{kb^2}{m}X = 0. \tag{2-35}$$

对于 b 有两种选择，或取 b 使得 $\frac{br}{m} = 1$，或取 $\frac{kb^2}{m} = 1$。例如，取第二个，这样 $b = \sqrt{\frac{m}{k}}$，可得方程：

$$\frac{\mathrm{d}^2X}{\mathrm{d}T^2} + a\frac{\mathrm{d}X}{\mathrm{d}T} + X = 0. \tag{2-36}$$

其中，$a = \frac{r}{\sqrt{mk}}$ 为阻尼系数。新的方程含有两个变量，即 X，T 及一个参数 a。

量纲分析的基本理论依据是白金汉（Backingham）的Ⅱ定理。这一定理认为：如果一个无量纲量依赖于一组量并表示一个物理规律，则它实质上只依赖于这一组量的无量纲组合。

这个定理告诉我们，若有一组物理量 $a, b_1, \cdots, b_s$，且 $a =$（b_1，$\cdots$，b_s）。设 $b_1, \cdots, b_s (l \leqslant s)$ 是量纲独立的，而 $a, b_{l+1}+1, \cdots, b_s$ 和 $b_1, \cdots, b_t$ 的量纲相关，作无量纲的量：

$$a_1 = \frac{a}{b_1^{u} \cdots b_l^{u_t}}, \tag{2-37}$$

$$\Pi_{l+1} = \frac{b_l + 1}{b_1^{m_l} \cdots b_l^{m_l}},$$

$$\Pi_s = \frac{b_s}{b_1^{n_1} \cdots b_l^{n_l}}, \tag{2-38}$$

则

$$a_1 = \varphi(b_1, \cdots, b_i, \Pi_{l+1}, \Pi,)$$

$$=\varphi\left(\Pi_{t+1},\cdots,\Pi,\right) \tag{2-39}$$

或

$$a_1=b_1^{u_1}\cdots b_l^{u_l}\varphi\left(\Pi_{l+1},\cdots,\Pi,\right). \tag{2-40}$$

在应用Ⅱ定理时要注意所考察的这组量确实反映了一个物理规律，并且要给出所求的物理量a所依赖的一切量$b_1,\cdots,b_s$不能遗漏，否则得不到正确的结果。

第五节　随机性模型与模拟方法

一、随机变量

随机变量的值是不可测的。因此，在很多实验中无法确定随机变量的结果，但是经过反复实验及经验总结发现，随机变量在实验中的结果具有一定的规律性，这种规律性为开展建模提供了很多便利。

（一）离散随机变量

离散随机变量的理论模型是由概率函数$p(x)=P(X=x)$来刻画的，这个式子说明了随机变量X取值为x时的概率。对于离散型的随机变量，下面的三种分布是重要的。

1.（0–1）分布

设随机变量X只可能取0与1两个值，它的分布规律是：

$$P(X=k)=p^k(1-p)^{1-k},k=0,1(0<p<1), \tag{2-41}$$

则称X服从(0–1)分布。如果一个随机试验的样本空间只含有两个元素，即$S=\{e_1,e_2\}$，我们总能在S上定义一个服从（0–1）分布的随机变量，来描述这个随机试验的结果：

$$X=X(e)=\begin{cases}0,当\ e=e_1\\1,当\ e=e_2\end{cases}. \tag{2-42}$$

例如，对新生儿的性别进行登记，检查产品的质量是否合格等都可以用（0–1）分布的随机变量来描述。

2. 二项分布

设试验E只有两个可能的结果，将E独立地重复进行n次，则称这一串重复的独立试验为n重伯努利试验，它是一种很重要的数学模型，有着广泛的应用。若用X表示n重伯努利试验中事件A发生的次数，X是一个随机变量，它服从如下的二项分布：

$$P(x=k)=\binom{n}{k}p^k q^{n-k}(k=0,1,2,\cdots,n). \qquad (2\text{–}43)$$

当$n=1$时，二项分布就是（0–1）分布。

3. 泊松分布

设随机变量X所有可能的取值为0，1，2，…，而取各个值的概率为

$$P(x=k)=\frac{\lambda^k e^{-\lambda}}{k!}(k=0,1,2,\cdots). \qquad (2\text{–}44)$$

其中，$\lambda>0$且为常数，则称X服从参数为λ的泊松分布。可以证明，当p很小时，是以n与p为参数的二项分布；当$n\to+\infty$时，是以λ为参数的泊松分布，其中$\lambda=np$。

（二）连续的随机变量

理论模型的连续型随机变量可以由概率密度函数$f(x)$来描述。对所有的x存在$f(x)\geqslant 0$，且$\int_{-\infty}^{+\infty}f(x)\mathrm{d}x=1$。随机变量落在区间（$x_1,x_2$）的概率可由$\int_{x_2}^{x_1}f(x)\mathrm{d}x$给出。在连续型随机变量中，下述两种是最为重要的。

1. 均匀分布

设连续型随机变量X具有概率密度，可得出下式：

$$f(x)=\begin{cases}\dfrac{1}{b-a}, & a<x<b\\ 0, & \text{其他}\end{cases}, \qquad (2\text{–}45)$$

则称X在区间（a，b）上服从均匀分布。

在区间（a，b）上服从均匀分布的随机变量X具有下述意义的等可能性，即它落在区间（a，b）中任意等长度的子区间内的可能性是相同的，或者说它落在子区间内的概率只依赖于子区间的长度而与子区间的位置无关。

2. 正态分布

设连续型随机变量X的概率密度为

$$f(x)=\frac{1}{\sqrt{2\pi\sigma}}\mathrm{e}^{-\frac{(-\mu)^2}{2\pi^2}}(-\infty<x<+\infty)\ . \tag{2-46}$$

其中，μ与$\sigma(\sigma>0)$为常数，则称 X 服从参数为μ,σ的正态分布。

连续型随机变量的值与离散型随机变量一样可以用频率表给出。但不同的是，离散型随机变量的每个频率对应随机变量的一个值，而连续型随机变量的每个频率则对应于随机变量的一个取值范围。

二、蒙特卡罗方法

蒙特卡罗方法是计算机模拟的基础，其名字来源于世界著名的赌城——摩纳哥的蒙特卡罗，其思想来源于著名的蒲丰投针问题。

1777 年，法国科学家蒲丰提出了一个著名的问题：平面上画有等距离为$a(a>0)$的一些平行线，取一根长度为$l(l<a)$的针，随机地向画有平行线的平面上掷去，求针与平行线相交的概率。

下面用几何概率模型来解决这一问题。设M为针落下后的中点，x表示中点M到最近一条平行线的距离，φ表示针与平行线的交角，那么基本事件区域为

$$\Omega=\left\{(x,\varphi)|0\leqslant x\leqslant\frac{l}{2},0\leqslant\varphi\leqslant\pi\right\}\ . \tag{2-47}$$

该区域为平面上的一个矩形，其面积为$S(\Omega)=\dfrac{a\pi}{2}$。

为使针与平行线（与M最近的一条平行线）相交，其充要条件是：

$$A=\begin{cases}0\leqslant x\leqslant\sin\varphi\\0\leqslant\varphi\leqslant\pi\end{cases}. \tag{2-48}$$

A的面积为$S(A)=\int_0^{\pi}\frac{1}{2}l\sin\varphi\mathrm{d}\varphi=l$，这样针与平行线相交的概率为

$$P=\frac{S(A)}{S(\Omega)}=\frac{2l}{a\pi}\ . \tag{2-49}$$

设一共投掷n次（n是一个事先选好的相当大的自然数），观察到针和直线相交的次数为m。

由式（2–49）可知，当比值$\dfrac{l}{a}$不变时，P值始终不变，且为P的近似值，由此可以算出π的近似值。可以想象，当投掷次数越来越多时，计算的结果就会越来越准确。

由此可以看出蒙特卡罗方法的基本步骤。首先，建立一个概率模型，使它的某个参数等于问题的解。然后，按照假设的分布对随机变量选出具体的值（这一过程又叫作抽样），从而构建出一个具有确定性的模型，并计算出结果。通过多次抽样试验，得到参数的统计特性，最终算出解的近似值。

有很多概率模型是无法进行定量分析的，它们无法通过解析得到相应的结果，即使得出结果，也要为求出该结果付出很多精力和很大代价，所以不提倡运用这种模型。这时可以使用蒙特卡罗方法。如果要运用蒙特卡罗方法解决无法得出结果的问题，就需要使用抽样的方法从随机变量中挑选出具体的值。抽样方法的选择需要结合具体的情况加以考虑，不同的情况要使用不同的随机抽样方法。在计算机中，很多数值看似是随机得出的，但是实际上它们都是运用一定的方法得出的，是一种伪随机数。

三、随机数的生成

对于丢硬币的随机结果可以用表 2–3 离散随机变量的概率函数来描述。

表 2–3　丢硬币的离散随机变量的概率函数

x	0	1
$P(x)$	0.5	0.5

通过投掷硬币并记录结果的方式模拟一个随机变量的值或者随机变量的组合，这种方法具有很大的缺陷。因为这和计算机一样，都是使用相应的数学程序得到的一些随机变量，但这些随机变量并不是真正意义上的随机变量，只是从表面形式上看是一种随机变量，而实际上这些都是通过相应的公式及算法得出来的。不过这些拟随机数并没有明显的规律，在对其进行适当的伸缩之后，它们在[0，1]区间上呈现出一种近似均匀的分布状态。这种方法的思路是，设计一个把 0 和 M 之间的整数映射到它们自身的函数 f 上，然后从 x_0 开始，依次计算 $f\left(x_0\right)=x_1, f\left(x_1\right)=x_2,\cdots$。例如，通过下面的公式可以产生一组随机变量：

$$X_{n+1}=97X_n+3\bmod 1000\,, \tag{2–50}$$

$$R_{N=1}=\frac{X_{n+1}}{1000}\,. \tag{2–51}$$

给定任意一个初值，如 x_0 =71，代入公式得 x_1 =890，然后除以 1000 得 R_1 =0.890；同样将 X_1 =890 代入公式，最终可得 R_2 =0.333，重复这一过程可以得到所需的一组随机变量。在程序设计和软件包中，通常用 RND 来表示由这样的公式生成的拟随机数，用它来表示在 [0，1] 上均匀分布的随机变量。

由它可以构造出另外的随机变量。例如，可以由 $X=a+(b-a)$ RND 给出区间 [a，b] 上的连续均匀分布的随机变量。如果要生成带参数 λ 的指数分布，可以用 $X=-\frac{1}{\lambda}\ln \mathrm{RND}$ 来获得。如果要生成平均值为 0、标准差为 1 的正态分布，可以用下列公式给出 X 的两个值：

$$X_1=(-2\ln \mathrm{RND}_1)^{\frac{1}{2}}\cos 2\pi \mathrm{RND}_2\text{，}\tag{2-52}$$

$$X_2=(-2\ln \mathrm{RND}_1)^{\frac{1}{2}}\cos 2\pi \mathrm{RND}_2\text{.}\tag{2-53}$$

令 $X=\sigma X_1+\mu$ 或 $X=\sigma X_2+\mu$，可以生成（μ,σ）型的正态分布。

为了得到离散的随机变量，把 [0，1] 分成若干部分。例如，设一个离散的随机变量有表 2-4 中的概率函数。

表 2-4　离散随机变量的概率函数

x	0	1	2
$P(x)$	0.3	0.3	0.4

取一个 RND 值，如果 $0<\mathrm{RND}<0.3$，则 $X=0$；如果 $0.3<\mathrm{RND}<0.6$，则 $X=1$；如果 $\mathrm{RND}>0.6$，则 $X=2$。

对于连续的随机变量，除了取生成的随机变量是每类的中点，可以用同样的思路进行列表分类，如表 2-5 所示。

表 2-5　列表分类

X	0 ~ 10	10 ~ 15	15 ~ 20
频率	0.2	0.5	0.3

将 0.36 的一个 RND 值平移到 $X=12.5$，用线性插值的方法要比取中点的方法更加细致。

$$\frac{X-10}{5}=\frac{0.36-0.2}{0.5}$$

$$X=11.6\tag{2-54}$$

由已知的 PDF 模拟一个连续随机变量的理论分布，可以用以下方法：

（一）逆累积分布函数法

如果随机变量的 PDF 是 $f(x)$，则累积分布函数是 $F(x)=\int_{-\infty}^{t} f(t)\mathrm{d}t$，如果把它作为一个随机变量，$F$ 是 [0，1] 上的均匀分布，从 [0，1] 上的均匀分布取一个 RND 值，解方程 $\mathrm{RND}=F(x)$ 得对应的 $x=F^{-1}(\mathrm{RND})$ 的值。例如：

$$f(x)=\begin{cases}0.5\sin x, & x<0<\pi \\ 0, & 其他\end{cases} .\tag{2-55}$$

累积分布函数为

$$F(x)=\int_0^x 0.5\sin t\,\mathrm{d}t=-0.5\cos t\Big|_0^x=0.5(1-\cos x),\tag{2-56}$$

解 $\mathrm{RND}=0.5(1-X)$ 得 $X=\arccos(1-2\mathrm{RND})$。这就是由这个分布所生成的 X 的值。

（二）排除法

对于这种方法，需要用两个 RND 值来生成一个 X 值。设 $f(x)$ 的值在区间 $[a，b]$ 外为 0，而 $f(x)$ 的最大值是 C。可以通过以下步骤生成 X 的值：

①从 [0，1] 上的均匀分布生成 RND_1 和 RND_2；

②用 RND_1，计算 $x=a+(b-a)\mathrm{RND}_1$；

③计算 $f(x)$；

④用 RND_2 算出 $y=c\mathrm{RND}_2$；

⑤如果 $y<f(x)$，则接受 x，否则排除 x 回到①。对于上面的例子，可取 $a=0$，$b=\pi$，$c=0.5$。

四、模拟

模拟是现象的模型所产生的再现。通过运用相应的数学模型使一些现象再次出现，这种方法就是数学模拟。一个方程无论描述的是该现象的整体还是部分，都属于一种数学模拟，同时描述自然规律的一类数学模型也属于数学模拟。数学模拟从狭义上看是数字模拟，数字模拟是指利用计算机的数字表达对一些复杂的事情进行简化，从而得出相应的数学模型，主要是基于数值试验得出的模型。随着科学技术的不断进步，计算机的普及程度越来越高，模拟发展到现阶段指的主要是数字模拟。

例 6（倒煤台的操作方案）：某公司有一座可以容纳 1.5 列标准列车的倒煤台，该倒煤台的作用是为列车装载煤炭。已知，如果动用一个小组的人员将一个空的倒煤台完全装满需要6 h，每个小时要花费的费用为9000元。现在，为了提高速度，将倒煤台快速装满，有关部门决定加派一个小组的人员参与装煤工作，那么此时每小时装煤的成本就提高到了 12000 元。现在每天会有 3 列标准列车前往倒煤台（列车到达时间为上午 5 点到下午 8 点之间），已知装满一辆列车所耗费的时间为 3 h，且为倒煤台装煤和为列车装煤这两个过程不可以同时进行，若列车已经到达倒煤台但是无法为列车及时进行装煤，那么每等待 1 h，有关部门就会征收 15000 元的滞期费。除此之外，每周的周四上午 11 点到下午 1 点会有一列容量比标准列车多一倍的列车抵达，该列车每小时的滞期费为 25000 元。请问：

①怎样制定方案可以将装煤的费用降到最低？最低为多少？

②若在指定的时间内标准列车一定会到达，那么该怎样调度列车以达到最经济的目标？

在本题中，每列列车到达的时间是不能确定的，属于随机因素，所以对于这道题最好的解题方法是建立概率模型，这需要使用计算机来完成。首先，在为该问题进行数学建模时需要从两个方面来考虑费用的问题。一是为倒煤台装煤所产生的费用，这里记作 C_L；二是列车到达但不能及时为列车装煤，此时列车需要等待，将其等待过程中所产生的滞期费记作 C_D。每天需要装载的煤炭数量是固定不变的，所以可以影响 C_L 的因素只有第二小组，第二小组的加入可能会降低 C_L 的值。但是对于本题的模型而言，最终目的是要降低总费用 C 的值，即 $C = C_L + C_D$ 为本题模型的目标函数。其次，为本题寻找最优的解决方案存在一些困难，特别是在理论方面。本题描绘的现象处于每天都会反复发生的状态，所以相比采用精确的解决办法，更重要的是为该问题制订出一份明确而又清晰的规划，从而使得该煤矿公司根据实际情况灵活地解决问题，采取最经济的方案。

设 r_{A} 为装满列车 A 所需要的煤量，Q 为倒煤台中剩余的煤量，$t \in [0,24)$ 表示当前时间，其中 r_{A} 和 Q 均以 1 h 向列车装的煤量为单位。

根据题意可知：

①有列车等待时，如果两个小组装煤节省的滞期费大于增加的装煤费用，此时应使用第二小组；

②当同时有两列或三列标准列车等待装煤时，应将已装煤量最多的车排在前面装，已装煤量最少的排在最后面。这样做的原因是（已经得到证明），这样安排会使滞期费最少；

③当同时有大容量车 A 和标准车 B 等待时，先装 A 后装 B 的滞期费为

$$C_{D_1}=25000\max\left[\frac{2}{3}(r_A-Q),0\right]+15000\left\{r_A+\max\left[\frac{2}{3}(r_A+r_B-Q),0\right]\right\}. \quad (2\text{–}57)$$

先装 B 后装 A 时的滞期费为

$$C_{D_2}=15000\max\left[\frac{2}{3}(r_B-Q),0\right]+25000\left\{r_B+\max\left[\frac{2}{3}(r_A+r_B-Q),0\right]\right\}. \quad (2\text{–}58)$$

当 $C_{D_1}\leqslant C_{D_2}$ 时，先装 A，否则先装 B；

④设当前待装的车为 A，则用两个小组装倒煤台直到 $Q\geqslant r_A$ 或 Q =4.5 为止，然后装列车；

⑤在周四，需要对大容量列车和标准列车进行装载，一共需要耗费 15h 的时间。即便倒煤台在周四上午 5 点以前就已提前装满，当天用两个小组装倒煤台仍需 1 h，合计 22 h。因此，就算以最快的速度装车，也无法在周四完成当天的工作任务，最快完成任务的时间为周五早上 3 点。但是为了保证周五的工作质量，在完成周日的工作任务以后要迅速开始倒煤台的装载工作。经过以上分析可以了解到，周四的工作时间太过紧张，所以需要在周四全天设置两个工作小组；

⑥非周四，在时刻 t 无列车等待。设已知下一列车的到达时间为 $t+\Delta t$。若 $\Delta t\geqslant 3-Q$，则时间充足，可以用一个小组装倒煤台至满或等待下一列车到来，否则用两个小组；

⑦非周四，不知道列车的到达时间。设在时刻 t 倒煤台中尚有煤量 Q，没有列车等待，当天还有 i 列标准车未到达。假设列车的到达时间服从独立的均匀分布，则存在 $t_i(Q)\in[5,20]$。当 $t_i<t(Q)$ 时，用一个小组装煤即可，否则要用两个小组。

$t_i(Q)$ 的选择应满足使总费用最小的原则，因其解析解难以求出，故采用计算机模拟的方法。先任意选取一个 Q 值 $(Q\in[0,4.5])$，注意到 $5\leqslant t_3(Q)\leqslant t_2(Q)\leqslant t_1(Q)\leqslant 20$，在上述约束条件下以一定步长（如 0.1）取 $t_i(Q)(i=1,2,3)$ 的各种组合，分别用计算机模拟求出平均费用，找出使平均费用最小的一组 $t_1(Q)$、$t_2(Q)$ 和 $t_3(Q)$ 值作为在该给定 Q 下的函数值。选取一系列不同的 Q 值重复以上过程，就能得到函数 $t_1(Q)$ 在各点上的值。

第三章

常用的数学建模方法

第一节　类比分析法

若两类不同的实际问题可以用同一个数学模型进行描述，则称这两类问题可以进行类比，类比分析法就是根据两类问题的某些相似属性，去推论这两类问题的其他属性，下面用例子来说明如何运用类比分析法。

例 1（养老金问题）：当今社会，年轻人参加工作时就应该建立养老保险基金，建立基金时，可一次性存入一笔钱，然后从每月的工资中交纳一部分钱，到 60 岁退休后可以动用，问退休后，人们每月从养老金中提取多少钱最为合适？

问题分析：

“每月从养老金中提取多少钱最为合适”等同于“把养老金分多少年拿最为合适”，分 10 年拿，70 岁以后就没有生活费了，分 30 年拿，人离世了还没拿完，这两种做法都不太合适，因此，每月拿多少钱和拿多少年这两个目标是相互制约的，每月多拿就少拿几年，每月少拿就多拿几年，同时与每月存多少钱有关系，存的多，拿的也多，可以每月多拿点，也可以多拿几年。

模型构成与求解：

设在建立养老基金时，一次性放入 A_0 元，以后每月交 x 元，月利率为 r。N 个月后退休，用 $A_j(j=1,\cdots,N)$ 表示第 j 个月时存入的养老金总数，从第 $N+1$ 个月开始领取养老金，每月领取 y 元，共领取 m 个月，用 $A_i(j=N+1,\cdots,N+m)$ 表示第 j 个月领取养老金后所剩的养老金总数，则前 N 个月所存的养老金数分别为

$$A_1=(1+r)A_0+x,$$

$$A_2=(1+r)A_1+x=(1+r)^2A_0+[1+(1+r)]x,$$

$$A_3=(1+r)A_2+x=(1+r)^3A_0+[1+(1+r)+(1+r)^2]x,$$

$$A_N=(1+r)A_{N-1}+x=(1+r)^NA_0+[1+(1+r)+\cdots+(1+r)^{N-1}]x$$

$$=(1+r)^NA_0+\frac{(1+r)^N-1}{r}x=(1+r)^N\left(A_0+\frac{x}{r}\right)-\frac{x}{r} \tag{3-1}$$

从第 $N+1$ 个月开始领取养老金，每月领取 y 元，共领取 m 个月，这时，

$$A_{N+1}=(1+r)A_N-y,$$

$$A_{N+2}=(1+r)A_{N+1}-y=(1+r)^2A_N-[1+(1+r)]y,$$

$$A_{N+m}=(1+r)A_{N+m-1}-y=(1+r)^mA_N-[1+(1+r)+\cdots+(1+r)^{m-1}]y$$

$$=(1+r)^m\left(A_N-\frac{y}{r}\right)+\frac{y}{r}=0$$

综合有

$$A_j=\begin{cases}(1+r)^j\left(A_0+\dfrac{x}{r}\right)-\dfrac{x}{r},1\leqslant j\leqslant N\\(1+r)^j\left(A_N-\dfrac{y}{r}\right)+\dfrac{y}{r},N+1\leqslant j\leqslant N+m,\\0,j=N+m\end{cases} \tag{3-2}$$

解方程 $(1+r)^m\left(\frac{y}{r}-A_N\right)=\frac{y}{r}$，得 $m=\ln\left[\frac{y}{y-rA_N}\right]/\ln(1+r)$.

模型应用：

若 30 岁开始建立养老保险基金，一次性存入 A_0 =10000 元，以后每月存 x =300 元，月利率为 r =0.003，60 岁退休，退休后开始领取养老金，那么退休时共工作 m =360 个月，所存的养老金总额为

$$A_{360}=(1+r)^{360}\left(A_0+\frac{x}{r}\right)-\frac{x}{r}=1.003^{360}\left(10000+\frac{300}{0.003}\right)-\frac{300}{0.003}=223391.48\ .$$

如果每月领取 y=1000 元，则可领取

$$m=\ln\left[\frac{1000}{1000-0.003\times A_{360}}\right]/\ln1.003=370\text{（月）}=30.8\text{（年）}$$

如果每月领取 y=1200 元，则可领取 m =273（月）=22.7（年）。

与养老金问题可类比的问题有渔业管理问题、林业管理问题等。

例 2(渔业管理问题)：新建一个鱼塘，一开始放养鱼苗 A_0 吨，鱼的年平均增长率为 r，以后每年投放鱼苗 x 吨，N 年后不再投放鱼苗，开始捕鱼，每年捕捞 y 吨，问能捕捞多少年？

设 m 为捕捞年限，则该问题可与养老金问题进行类比，得到相同的数学模型（3–1）。

例 3（林业管理问题）：某荒山开始植树，一开始大面积植树 A_0 亩，以后每年植树 x 亩，树木的年平均增长率为 r，若干年后不再植树，开始伐树，每年砍伐 y 亩，问多少年后该山又变回荒山。

该问题的数学模型也为（3–1），其中 N 为植树年限，m 为伐树年限，表示 m 年后该山又变回荒山。

第二节　数据处理法

在实际问题中，往往需要处理通过试验或测量所得到的一批数据，通过对这些数据的处理，可以反映出哪些数据是有效数据，哪些数据是无效数据，数据的变化规律是什么等信息，这样可以加深对问题的认识。通常有两种方法来处理数据，以求寻找数据的变化规律，一是数据插值法，即寻找一个函数，使得所有数据对应的点都在这一函数上，这一函数称为插值函数；二是数据拟合法，即寻找一个函数，使得数据所对应的点不一定都在此函数上，但离此函数都比较近，这一函数称为拟合函数。

一、数据插值法

给出一批数据 $(x_0,y_0),\cdots,(x_n,y_n)$，其中 $x_0,\cdots,x_n$ 互不相同，寻找函数 $y=f(x)$ 使得

$$y_i = f(x_i), i = 0,\cdots,n \tag{3-3}$$

称 $y=f(x)$ 为插值函数，$x_0,\cdots,x_n$ 为插值点，方程组（3–2）为插值条件。一般来说，对同一批数据，有多个插值函数，具体选择哪个插值函数，因实际问题而定，但基本原则是在数学上易于处理且尽可能简单。目前，最常用的插值函数是多项式函数（称为插值多项式），其一般形式为

$$f(x) = a_0 + a_1x + \cdots + a_nx^n,$$

其中，$a_0,\cdots,a_n$ 是 $n+1$ 个待定系数，根据插值条件（3-2），可以得到一个含有 $n+1$ 个未知数和 $n+1$ 个方程的方程组，解此方程组，便可求出 $a_0,\cdots,a_n$ 的值，从而得到具体的插值多项式。常见的插值多项式有以下五种，它们分别是用不同的形式给出的。

（一）n 次 Lagrange 插值多项式［需要 $n+1$ 组数据 $(x_0,y_0),\cdots,(x_n,y_n)$］

n 次 Lagrange 插值多项式的形式为一般形式，即

$$f(x)=a_0+a_1x+\cdots+a_nx^n$$

其中，$a_0,\cdots,a_n$ 是 $n+1$ 个待定系数。

当 $n=1$ 时，需要两组数据 $(x_0,y_0),(x_1,y_1)$，$x_0\neq x_1$ 插值函数为 $f(x)=a_0+a_1x$，称为一次 Lagrange 插值多项式或线性插值多项式，通过求解方程组：

$$\begin{cases}a_0+a_1x_0=y_0,\\ a_0+a_1x_1=y_1.\end{cases}$$

可得 $a_1=\dfrac{y_0-y_1}{x_0-x_1},a_0=y_0-a_1x_0=\dfrac{y_1x_0-y_0x_1}{x_0-x_1}$，进而

$$\begin{aligned}f(x)&=\frac{y_1x_0-y_0x_1}{x_0-x_1}+\frac{y_0-y_1}{x_0-x_1}x\\&=\frac{x_0}{x_0-x_1}y_1-\frac{x_1}{x_0-x_1}y_0+\frac{x}{x_0-x_1}y_0-\frac{x}{x_0-x_1}y_1\end{aligned}$$

当 $n=2$ 时，需要三组数据 $(x_i,y_i)\big|_{i=0}^{2}$，其中 x_0,x_1,x_2 互不相同，插值函数为 $f(x)=a_0+a_1x+a_2x^2$，称为二次 Lagrange 插值多项式或抛物线插值多项式，通过求解方程组，可得 a_0,a_1,a_2 的具体值，将其代入插值函数中，有

$$f(x)=\frac{(x-x_1)(x-x_2)}{(x_0-x_1)(x_0-x_2)}y_0+\frac{(x-x_0)(x-x_2)}{(x_1-x_0)(x_1-x_2)}y_1+\frac{(x-x_0)(x-x_1)}{(x_2-x_0)(x_2-x_1)}y_2 .$$

例 4：

（1）已知 $\sqrt{100}=10,\sqrt{121}=11$，求 $\sqrt{115}$。

（2）已知 $\sqrt{100}=10,\sqrt{121}=11,\sqrt{144}=12$，求 $\sqrt{115}$。

解：

（1）设 $x_0=100,y_0=10,x_1=121,y_1=11,x=115,y=\sqrt{115}$，线性插值多项式，得

$$y=\frac{x-x_1}{x_0-x_1}y_0+\frac{x-x_0}{x_1-x_0}y_1=2.857+7.857\approx 10.714 .$$

（2）设 $x_0=100, y_0=10, x_1=121, y_1=11, x_2=144, y_2=12, x=115, y=\sqrt{115}$，利用抛物线插值多项式，得 $y\approx 10.722$。

与真值 $\sqrt{115}=10.7238$ 相比较，可以看出，不同的插值多项式有不同的精度，所提供的数据越多，精度越高，这说明不能根据一两次试验或测量就得出数据的变化规律。

当有 $n+1$ 组数据 $\{(x_i, y_i)\}_{i=0}^{n}$ 时，其中 $x_0,\cdots,x_n$ 互不相同，n 次 Lagrange 插值多项式为 $f(x)=a_0+a_1x+\cdots+a_nx^n$，利用插值条件（3–2），得方程组：

$$\begin{cases} a_0+a_1x_0+\cdots+a_nx_0^n=y_0 \\ a_0+a_1x_1+\cdots+a_nx_1^n=y_1 \\ \cdots \\ a_0+a_1x_n+\cdots+a_nx_n^n=y_n \end{cases} . \tag{3–4}$$

记

$$\boldsymbol{a}=\begin{pmatrix} a_0 \\ a_1 \\ \vdots \\ a_n \end{pmatrix}\in \mathbf{R}^{n+1}, \boldsymbol{b}=\begin{pmatrix} y_0 \\ y_1 \\ \vdots \\ y_n \end{pmatrix}\in \mathbf{R}^{n+1}, \boldsymbol{V}=\begin{bmatrix} 1 & x_0 & x_0^2 & \cdots & x_0^n \\ 1 & x_1 & x_1^2 & \cdots & x_1^n \\ \vdots & \vdots & \vdots & \vdots & \vdots \\ 1 & x_n & x_n^2 & \cdots & x_n^n \end{bmatrix}\in \mathbf{R}^{(n+1)\times(n+1)},$$

则方程组可简记为 $Va=b$，且系数行列式为范德蒙（Vandemonde）行列式，于是有 $\det V=\prod\limits_{0\leqslant i<j\leqslant n}(x_i-x_j)\neq 0$，从而 $a=V^{-1}b$ 化简后可得 n 次 Lagrange 插值多项式：

$$f(x)=\sum_{j=0}^{n}\left[\prod_{i\neq j}\left(\frac{x-x_i}{x_j-x_i}\right)\right]y_j .$$

（二）n 次 Newton 插值多项式（需要 n+1 组数据）

给出 $n+1$ 组数据 $\{(x_i, y_i)\}_{i=0}^{n}$，其中 $x_0,\cdots,x_n$ 互不相同，n 次 Newton 插值多项式的形式为

$$f(x)=y_0+\sum_{k=1}^{n}f[x_0,x_1,\cdots,x_k]\cdot w_k(x),$$

其中

$$w_k(x)=\prod_{i=0}^{k-1}(x-x_i), k=1,\cdots,n,$$

$$f\left[x_0,x_1,\cdots,x_k\right]=f\left[x_1,\cdots,x_k\right]-f\left[x_0,x_1,\cdots,x_{k-1}\right],$$

$$f\left[x_0,x_1\right]=\frac{y_1-y_0}{x_1-x_0},f\left[x_1,x_2\right]=\frac{y_2-y_1}{x_2-x_1}.$$

称$f\left[x_0,x_1,\cdots,x_k\right]$为插值函数$y=f(x)$在$x_0,x_1,\cdots,x_k$上的$k$阶差商，

n次 Newton 插值多项式的计算步骤：

第一步，计算 $w_1(x),\cdots,w_n(x)$；

第二步，计算$f\left[x_0,x_1\right],\cdots,f\left[x_{n-1},x_n\right]$；

第三步，计算$f\left[x_0,x_1,\cdots,x_{k-1}\right]$和$f\left[x_1,\cdots,x_k\right],k=2,\cdots,n$；

第四步，计算$f\left[x_0,x_1,\cdots,x_k\right],k=1,\cdots,n$；

第五步，计算$f(x)$。

现考虑一次 Newton 插值多项式：

$$f(x)=y_0+f\left[x_0,x_1\right]w_1(x)=y_0+\frac{y_1-y_0}{x_1-x_0}\left(x-x_0\right)$$

$$=y_0+\frac{x-x_0}{x_1-x_0}y_1-\frac{x-x_0}{x_1-x_0}y_0=\frac{x-x_1}{x_0-x_1}y_0+\frac{x-x_0}{x_1-x_0}y_1,$$

这说明一次 Newton 插值多项式恰是一次 Lagrange 插值多项式，可以证明，前三次 Lagrange 插值多项式和前三次 Newton 插值多项式是相同的。

（三）三次样条插值多项式

数学上所说的样条插值多项式实质上是指分段多项式的光滑连接，给定$n+1$组数据$\left\{\left(x_i,y_i\right)\right\}_{i=0}^{n}$，其中$x_0<x_1<\cdots<x_n$，如果分段函数$S(x)$满足

（1）在每个小区间$\left[x_{i-1},x_i\right]$上都是次数不超过k的多项式；

（2）在区间$\left[x_0,x_n\right]$上具有直到k阶的导数，则称$S(x)$为k次样条插值多项式，在实际应用中常采用三次样条插值多项式，其表现形式为

$$S(x)=\frac{1}{6h_i}\left[\left(x_i-x\right)3m_{i-1}+\left(x-x_{i-1}\right)3m_i\right]+\left(y_{i-1}-\frac{h_i^2}{6}m_{i-1}\right)\frac{x_i-x}{h_i}+$$

$$\left(y_i-\frac{h_i^2}{6}m_i\right)\frac{x-x_{i-1}}{h_i},$$

$$x\in\left[x_{i-1},x_i\right],i=1,\cdots,n.$$

其中，$h_i=x_i-x_{i-1}(i=1,\cdots,n),m_0=m_n=0,m_1,\cdots,m_{n-1}$是$n-1$个待定系数，令

$$\mu_i = \frac{h_i}{h_i + h_{i+1}}, \lambda_i = 1 - \mu_i, i = 1, \cdots, n,$$
$$d_i = 6f\left[x_{i-1}, x_i, x_{i+1}\right], i = 1, \cdots, n-1.$$

则 $n-1$ 个待定系数 $m_1, \cdots, m_{n-1}$，满足 $n-1$ 个方程：

$$\mu_i m_{i-1} + 2m_i + \lambda_i m_{i+1} = d_i, i = 1, \cdots, n-1.$$

解此方程组可得 $m_1, \cdots, m_{n-1}$。

（四）分段线性插值多项式

直观上就是将 $n+1$ 组数据 $\{(x_i, y_i)\}_{i=0}^{n}$ 用折线连接起来，如果 $x_0 < x_1 < \cdots < x_n$，则分段线性插值多项式为

$$f(x) = \frac{x - x_i}{x_{i-1} - x_i} y_{i-1} + \frac{x - x_{i-1}}{x_i - x_{i-1}} y_i, x_{i-1} \leqslant x \leqslant x_i, i = 1, \cdots, n.$$

分段线性插值多项式的缺点是不能形成一条光滑曲线。

（五）Hermite 插值多项式

设真实函数 $y = f(x)$ 有 $n+1$ 组数据 $\{(x_i, y_i)\}_{i=0}^{n}$，即 $y_i = f(x_i), i = 0, 1$，…，n，且已知 $r+1$ 个一阶导数值 $f'(x_i), i = 0, 1, \cdots, r(r \leqslant n)$，若所寻找的插值函数 $H(x)$ 满足：

（1）$H(x)$ 是一个 $n+r+1$ 次多项式；

（2）$H(x_i) = y_i, i = 0, 1, \cdots, n$；

（3）$H'(x_i) = f'(x_i), i = 0, 1, \cdots, r$。

则称 $H(x)$ 是 $n+1$ 点 $n+r+1$ 次 Hermite 插值多项式，特别地，若真实函数 $y = f(x)$ 只有两组数据（x_0, y_0）和（x_1, y_1），且已知一阶导数值 $f'(x_0), f'(x_1)$，则两点三次 Hermite 插值多项式为

$$H_3(x) = h_0(x) y_0 + h_1(x) y_1 + g_0(x) f(x_0) + g_1(x) f'(x_1),$$

其中

$$h_0(x) = \left(1 + 2\frac{x - x_0}{x_1 - x_0}\right)\left(\frac{x - x_1}{x_0 - x_1}\right)^2, h_1(x) = \left(1 + 2\frac{x - x_1}{x_0 - x_1}\right)\left(\frac{x - x_0}{x_1 - x_0}\right)^2,$$

$$g_0(x) = (x - x_0)\left(\frac{x - x_0}{x_0 - x_1}\right)^2, g_1(x) = (x - x_1)\left(\frac{x - x_0}{x_1 - x_0}\right)^2.$$

二、拟合法

由于数据组数过多，或用来得到这些数据的试验或测量有误差，所以在寻求函数时，不一定要求这些数据都要满足插值条件，只要使所寻求的函数与这些数据的整体误差达到最小即可，这时称所要寻找的函数为拟合函数。根据不同的整体误差定义方式，可以得到不同的拟合函数，同一批数据的拟合函数可以有多个，但最常用的拟合函数是最小二乘拟合函数，即利用最小二乘法得到的拟合函数。但何为最小二乘法呢？

给定 $n+1$ 组数据 $\{(x_i,y_i)\}_{i=0}^{n}$（称为数据点），其中 $x_0,\cdots,x_n$ 互不相同，若用单值函数 $y=f(x)$ 作为这批数据的拟合函数，则每个 x_j 都对应函数 $y=f(x)$ 上的一点 $\left[x_j,f\left(x_j\right)\right]$（称为拟合点），称数据点与拟合点的纵坐标之差 $e_j=y_j-f\left(x_j\right)$ 为数据点（x_j,y_j）到拟合函数 $y=f(x)$ 的残差。

通过残差可以定义数据点的整体误差：

（1）将残差绝对值中的最大者 $\max\limits_{0\leqslant j\leqslant n}\left|e_j\right|$ 定义为整体误差；

（2）将残差绝对值之和 $\sum\limits_{j=0}^{n}\left|e_j\right|$ 定义为整体误差；

（3）将残差的平方和 $\sum\limits_{j=0}^{n}e_j^2$ 定义为整体误差。

一个拟合函数的好坏是用数据点的整体误差来衡量的，整体误差越小，说明拟合函数越好，在（1）（2）两种整体误差的定义方式中，由于求解带有绝对值的极小问题在计算上很不方便，故常选用第三种方式，称使残差平方和达到最小的方法为最小二乘法，利用最小二乘法得到的拟合函数称为最小二乘拟合函数，由于在用最小二乘法时，已经用到了拟合函数 $y=f(x)$，不同的拟合函数可能对应着不同的残差平方和。如何确定最小二乘拟合函数 $y=f(x)$ 呢？先从最简单的情况开始分析。

（一）线性最小二乘拟合函数

如果给出的 $n+1$ 组数据 $\{(x_i,y_i)\}_{i=0}^{n}$ 呈直线形状时，可考虑用直线作拟合函数，这时，令 $f(x)=a+bx$，其中 a,b 是待定系数，残差平方 $\sum\limits_{i=0}^{n}\left[y_j-\left(a+bx_j\right)\right]^2$ 是 a,b 的函数，记作 $S(a,b)$，现用最小二乘法确定 a,b 的值，即求使残差平方和 $S(a,b)$ 达到最小的 a,b 值，根据数学分析的知识，令 $\dfrac{\partial S(a,b)}{\partial a}=\dfrac{\partial S(a,b)}{\partial b}=0$，得

$$\begin{cases}\sum_{j=0}^{n}2\left[y_j-\left(a+bx_j\right)\right](-1)=0\\ \sum_{i=0}^{n}2\left[y_j-\left(a+bx_j\right)\right]\left(-x_j\right)=0\end{cases}.$$

整理得线性方程组

$$\begin{cases}(n+1)a+\left(\sum_{j=0}^{n}x_j\right)b=\sum_{j=0}^{n}y_j\\ \left(\sum_{j=0}^{n}x_j\right)a+\left(\sum_{j=0}^{n}x_j^2\right)b=\sum_{j=0}^{n}x_iy_j\end{cases}.$$

解之，得 a,b 的具体值 $\vec{a},\vec{b}$ 代入拟合函数 $f(x)=a+bx$ 中，可得线性最小二乘拟合函数 $f(x)=\vec{a}+\vec{b}x$。

（二）一般的最小二乘拟合函数

如果给出的 $n+1$ 组数据 $\left\{\left(x_i,y_i\right)\right\}_{i=0}^{n}$ 呈曲线形状时，往往考虑用曲线作为拟合函数，用最小二乘法得到的曲线拟合函数称为一般的最小二乘拟合函数，由于曲线函数多种多样，我们希望找到的曲线拟合函数既在数学上易于处理，形式上又比较简单，为此需要介绍函数组的线性相关性。

第三节　层次分析法

人们在进行决策时，往往会面对很多互相关联、互相制约的复杂因素，或难以用定量方式描述的关系，如：假期去一个地方旅游，有三个景点可供选择，由于每个景点都受景色、费用、住宿、饮食、旅游条件、人的偏好等诸多因素影响，无法用定量的方式描述它们之间的关系，只有通过比较、判断、评价，才能作出最终选择。针对这样的问题，20 世纪 70 年代美国著名的运筹学家 Saaty 提出了层次分析法，这一方法的本质是一种决策思维方式：

（1）把复杂的问题按主次关系进行分组分层，形成一个层次递阶系统；

（2）根据对客观现实的判断和个人的偏好，对每层中各元素的相对重要性给出定量描述，即利用数学方法给出各层中所有元素的相对重要性的权值；

（3）通过排序作出最终选择。

一、层次递阶系统的建立

根据问题中各元素之间的主次关系进行分组分层，每一组作为一层，上一层元素支配着下一层元素，而下一层元素影响着上一层元素，这样就形成了一个层次递阶系统，第一层（最上层）称为决策层或目标层，最后一层（最下层）称为方案层，其余所有层统称为中间层。

二、层次分析法的计算步骤

层次分析法的基本思想：对各层元素的重要性进行赋权，决策层的权值为1，假设第二层的各元素 $A_1,\cdots,A_m$ 相对于决策层元素 A 的重要性权值分别为 $a_1,\cdots,a_m$，第三层各元素 B_j，相对于第二层元素 A_i 的重要性权重为 b_{ij}（称为单权），若元素 A_i 与元素 B_j 之间没有关系，则 $b_{ij}=0$，第三层元素相对于第二层元素的重要性权重分别定义为 $\sum_{i=1}^{m}a_ib_{i1},\cdots,\sum_{i=1}^{m}a_ib_{in}$，称为第三层元素的组合权。

从上到下逐层计算，就可算出方案层中各元素的重要性权值（组合权值），通过对权值进行排序，就可选出最优方案，或权值最大方案，或权值最小方案，计算权值并非易事，需要适当的方法，层次分析法的一个优点就是提供了一套完整的计算方法，大致分为以下几步：

第一步，构造判断矩阵

以第二、三层为例，构造判断矩阵主要是用两两比较的方法，现相对于第二层中的某个元素 $A_k(k=1,\cdots,m)$，来对第三层中各元素的重要性进行两两比较，可得如下矩阵：

$$\boldsymbol{C}_k=\begin{bmatrix} A_k & B_1 & \cdots & B_i & \cdots & B_n \\ B_1 & c_{11} & \cdots & c_{1i} & \cdots & c_{1n} \\ \vdots & \vdots & \ddots & \vdots & & \vdots \\ B_i & c_{i1} & \cdots & c_{ii} & \cdots & c_{in} \\ \vdots & \vdots & & \vdots & \ddots & \vdots \\ B_n & c_{n1} & \cdots & c_{ni} & \cdots & c_{nn} \end{bmatrix}.$$

其中，$c_{ij}=\begin{cases}0, A_k\text{与}B_j\text{无关}\\1, A_k\text{与}B_j\text{有关}\end{cases}$；$j=1,\cdots,n, c_{ij}(i\neq j)$ 取 1，…，9 这九个整数及它们的倒数：

$$c_{ij}=\begin{cases}1, B_i\text{与}B_j\text{同等重要}\\3, B_i\text{比}B_j\text{重要一点}\\5, B_i\text{比}B_j\text{重要}\\7, B_i\text{比}B_j\text{重要得多}\\9, B_i\text{比}B_j\text{极为重要}\end{cases},$$

$$c_{ji}=1/c_{ij}.$$

若$c_{ij}=9$，则$c_{ji}=1/9$，表示B_j与B_i相比，B_j太不重要了，所以称矩阵$\boldsymbol{C}_k$为关于元素A_k的判断矩阵。

第二步，判断矩阵的一致性检验

给出判断矩阵$\boldsymbol{C}=\left[c_{ij}\right]_{n\times n}$，若存在指标$i,j,k$使得$c_{ij}=c_{ik}/c_{jk}$，则称元素$B_i$，$B_j$，$B_k$具有一致性；若对任意的$i,j,k\in\{1,\cdots,n\}$都有$c_{ij}=c_{ik}/c_{jk}$，则称判断矩阵$\boldsymbol{C}$具有完全一致性。从客观角度讲，判断矩阵$\boldsymbol{C}$应该具有完全一致性，但由于$\boldsymbol{C}$是从主观角度两两比较得到的，故在一般情况下$\boldsymbol{C}$不具有完全一致性，如何衡量$\boldsymbol{C}$不具有完全一致性的程度呢?

首先，计算出判断矩阵$\boldsymbol{C}$的一个近似特征向量$\boldsymbol{x}$，具体做法如下：

先对判断矩阵$\boldsymbol{C}$的各列归一化，然后按行求和，将所得向量再归一化，可得判断矩阵$\boldsymbol{C}$的一个近似特征向量$\boldsymbol{x}$，例如，若第三层有三个元素B_1，B_2，B_3，且关于第二层元素A_1的判断矩阵为

$$\boldsymbol{C}_1=\begin{bmatrix}1 & 2 & 6\\1/2 & 1 & 4\\1/6 & 1/4 & 1\end{bmatrix},$$

列归一化得
$$\begin{bmatrix}0.6 & 0.615 & 0.545\\0.3 & 0.308 & 0.364\\0.1 & 0.077 & 0.091\end{bmatrix},$$

按行求和得
$$\begin{bmatrix}1.760\\0.972\\0.268\end{bmatrix},$$

归一化得
$$\begin{bmatrix}0.587\\0.324\\0.089\end{bmatrix},$$

则$\boldsymbol{x}_1=\begin{bmatrix}0.587\\0.324\\0.089\end{bmatrix}$是判断矩阵$\boldsymbol{C}_1$的一个近似特征向量。

其次，求出与近似特征向量$\boldsymbol{x}$对应的近似特征值$\lambda=\frac{1}{n}\sum_{i=1}^{n}\frac{(\boldsymbol{Cx})_i}{\boldsymbol{x}_i}$，其中$(\boldsymbol{Cx})_i$和$\boldsymbol{x}_i$分别表示向量$\boldsymbol{Cx}$和$\boldsymbol{x}$的第$i$个分量，给出一致性检验指标$CI=\frac{\lambda-n}{n-1}\geqslant 0$，可以证明：当判断矩阵$\boldsymbol{C}$具有完全一致性时，$CI=0$，也就是说，$CI$越小，判断矩阵$\boldsymbol{C}$具有的完全一致性的程度越高。当$CI$小到什么程度时，可以认为$\boldsymbol{C}$具有满意的完全一致性呢？若一致性比例$CR=CI/RI<0.1$，则认为判断矩阵$\boldsymbol{C}$具有满意的完全一致性，其中$RI$称为随机一致性指标，对3–9阶方阵来说，$RI$的取值分别为

	3	4	5	6	7	8	9
RI	0.58	0.90	1.12	1.24	1.32	1.41	1.45

因为完全一致性要用三个元素进行判断，因此，总认为1 ~ 2阶判断矩阵具有完全一致性。

第三步，判断矩阵的组合一致性检验

各层具有满意的完全一致性的判断矩阵是否具有满意的组合一致性呢？仍需进行进一步检验。设$C_1,\cdots,C_m$分别是B层元素$B_1,\cdots,B_n$对于A层各元素$A_1,\cdots,A_m$的m个满意的判断矩阵，即具有满意的完全一致性的判断矩阵，对应的一致性检验指标和随机一致性指标分别为$CI_1,\cdots,CI_m$和$RI_1,\cdots,RI_m$，称$CI=\sum_{j=1}^{m}a_j CI_j$和$RI=\sum_{i=1}^{m}a_j RI_j$分别为$B$层对$A$层的组合一致性检验指标和组合随机一致性指标，称$CR=CI/RI$为$B$层对$A$层的组合一致性比例，若$CR<0.1$，则认为$B$层各元素的判断矩阵具有满意的组合一致性。

第四步，计算各层元素的单权和组合权

设各层的判断矩阵具有满意的组合一致性，则近似特征向量$\boldsymbol{x}$的各分量就是对应元素的单权。例如，如上所求，第三层元素B_1，B_2，B_3关于第二层元素A的判断矩阵和近似特征向量分别为

$$\boldsymbol{C}_1=\begin{bmatrix}1 & 2 & 6\\1/2 & 1 & 4\\1/6 & 1/4 & 1\end{bmatrix}和\boldsymbol{x}_1=\begin{bmatrix}0.587\\0.324\\0.089\end{bmatrix},$$

则x_1的各分量就是元素B_1,B_2,B_3关于元素A_1的单权，即

$$b_{11}=0.587,b_{12}=0.324,b_{13}=0.089$$

各层元素的组合权需从上到下逐层进行计算，若已知 A 层元素 $A_1,\cdots,A_n$ 的组合权分别是 $A_1,\cdots,A_n$，B层元素 $B_1,\cdots,B_n$ 相对于 A_i 的单权分别为 $b_{i1},\cdots,b_{in}$，则B层各元素关于 A 层的组合权分别为 $\sum_{i=1}^{m}a_ib_{i1},\sum_{i=1}^{m}a_ib_{i2},\cdots,\sum_{i=1}^{m}a_ib_{in}$。

第五步，确定选择方案

将方案层各元素的组合权进行排序，取权值最大（或最小）的方案作为最终方案。

第四节　主成分分析法

主成分分析法又称因子分析法，是统计分析中的一种重要方法，是对决策单元进行综合评价的一种有效方法，它的主要特点是将信息有重复的指标进行综合。本节通过一个例子来阐述主成分分析法的基本思想。

一、实际问题（企业的经济效益分析）

某市对下属的 10 个（ n =10）企业作经济效益分析，根据经济统计原理，用取得的生产结果与各项成本的消耗作对比，来衡量每个企业的经济效益，也就是用下述 5 个（ m =5）指标 $Z_1,\cdots,Z_5$ 来对每个企业进行分析。

Z_1：固定资产的产值率，刻画企业投资水平的高低，该指标越大越好；

Z_2：净产值劳动生产率，该指标越小越好；

Z_3：万元产值的流动资金占有率，刻画企业经营水平的高低，该指标越小越好；

Z_4：万元产值的利润率，刻画企业的销售水平，该指标越大越好；

Z_5：万元资金的利润率，刻画企业经营水平的高低，该指标越大越好，现将 10 个企业的这些指标数据列入表 3–1 中。

我们知道，指标间有一定的关联性，也就是说，反映企业经济效益的信息有一定的重复，如果能综合 5 个指标中的一些指标，建立更少的综合性指标，但又不损失有用的信息，那么，对企业的经济效益分析或评价将仍有效，而获得综合性指标的工作量也减少了，这就是需要进行主成分分析的实际理由。主成分分析法的基本思想：将信息有重复的指标进行综合，得到更少数的综合性指标，但又不损失有用的信息，这样可减少计算的时间和复杂性。

表 3-1　10 个企业的 5 个指标数据值

企业	Z_1	Z_2	Z_3	Z_4	Z_5
1	26.5	18.5	6.61	36.75	15.5
2	26	11.2	8.93	15.62	6.2
3	24.1	16.3	11.12	32.27	8.5
4	42.2	16.7	8.27	26.16	10.9
5	36.5	9.8	7.36	19.32	10.2
6	31.2	12.2	8.41	20.03	7.6
7	60.2	14.3	4.23	27.37	25
8	58.2	12.6	2.96	14.15	11.8
9	54.3	12	4.12	14.86	9.5
10	40.9	8.3	6.03	14.76	7.5

二、主成分分析法的计算步骤

步骤 1，写出原始数据矩阵，用行向量 $\boldsymbol{x}_i=(\boldsymbol{x}_{i1},\cdots,\boldsymbol{x}_{i5})$ 表示第 i 个企业的五个指标值，$i=1,\cdots,n$，记

$$\boldsymbol{X}=\begin{bmatrix} x_1 \\ \vdots \\ x_n \end{bmatrix}=\begin{pmatrix} x_{11} & \cdots & x_{1m} \\ \vdots & \ddots & \vdots \\ x_{n1} & \cdots & x_{nm} \end{pmatrix}=[x_{ii}]\in\mathbf{R}^{n\times m}.$$

称 $\boldsymbol{X}$ 为原始数据矩阵，即有

$$\boldsymbol{X}=\begin{bmatrix} 26.5 & 18.5 & 6.61 & 36.75 & 15.5 \\ 26 & 11.2 & 8.93 & 15.62 & 6.2 \\ 24.1 & 16.3 & 11.12 & 32.27 & 8.5 \\ 42.2 & 16.7 & 8.27 & 26.16 & 10.9 \\ 36.5 & 9.8 & 7.36 & 19.32 & 10.2 \\ 31.2 & 12.2 & 8.41 & 20.03 & 7.6 \\ 60.2 & 14.3 & 4.23 & 27.23 & 25 \\ 58.2 & 12.6 & 2.96 & 14.15 & 11.8 \\ 54.3 & 12 & 4.12 & 14.86 & 9.5 \\ 40.9 & 8.3 & 6.03 & 14.76 & 7.5 \end{bmatrix}.$$

步骤 2，将原始数据矩阵标准化。

（1）利用公式：

$$\overline{x}_j=\frac{1}{n}\sum_{i=1}^{n}x_{ij},S_j^2=\frac{1}{n-1}\sum_{i=1}^{n}\left(x_{ij}-\overline{x}_j\right)^2,S_j=\sqrt{S_j^2},j=1,\cdots,m$$

计算每个指标Z_j的均值$\overline{x}_j$、方差S_j^2和标准差S_j的具体结果见表3–2。

表3–2　指标Z_j的均值、方差与标准差

	Z_1	Z_2	Z_3	Z_4	Z_5
$\overline{x}_j$	40.0100	13.1900	6.8040	22.1290	11.2700
s_j^2	185.5743	10.3921	6.3808	65.0888	30.2401
s_j	13.6226	3.2237	2.5260	8.0678	5.4991

（2）通过以下方法将原始数据矩阵$\boldsymbol{X}$转换为标准化数据矩阵$\boldsymbol{Z}=\left[z_{ij}\right]\in\mathbf{R}^{10\times5}$：

$$z_{ij}=\frac{x_{ij}-\overline{x}_j}{S_j},i=1,\cdots,n,j=1,\cdots,m.$$

这时，矩阵$\boldsymbol{Z}$的每一列元素之和均为0，事实上：

$$\sum_{i=1}^{n}z_{ij}=\sum_{i=1}^{n}\frac{x_{ij}-\overline{x}_j}{S_j}=\frac{1}{S_j}\left(\sum_{i=1}^{n}x_{ij}-n\overline{x}_j\right)=\frac{1}{S_j}\left(n\overline{x}_j-n\overline{x}_j\right)=0.$$

针对实际问题，利用MATLAB软件，可得

$$\boldsymbol{Z}=\begin{bmatrix}-0.9917 & 1.6472 & -0.0768 & 1.8123 & 0.7692\\ -1.0284 & -0.6173 & 0.8416 & -0.8068 & -0.9220\\ -1.1679 & 0.9647 & 1.7086 & 1.2570 & -0.5037\\ 0.1608 & 1.0888 & 0.5804 & 0.4996 & 0.0673\\ -0.2577 & -1.0516 & 0.2201 & -0.3482 & -0.1946\\ -0.6467 & -0.3071 & 0.6358 & -0.2602 & -0.6674\\ 1.4821 & 0.3443 & -1.0190 & 0.6496 & 2.4968\\ 1.3353 & -0.1830 & -1.5218 & -0.9890 & 0.0964\\ 1.0490 & -0.3691 & -1.0625 & -0.9010 & -0.3219\\ 0.0653 & -1.5169 & -0.3064 & -0.9134 & -0.6856\end{bmatrix}.$$

步骤3，构造指标间的相关矩阵，令

$$\boldsymbol{R}=\left[r_{jk}\right]=\frac{1}{n-1}\boldsymbol{Z}^{T}\boldsymbol{Z}\in\mathbf{R}^{m\times m},$$

称 $\boldsymbol{R}$ 是指标间的相关矩阵，其中

$$r_{jk}=\frac{1}{n-1}\sum_{i=1}^{n}z_{ij}z_{ik}.$$

显然，$\boldsymbol{R}$ 是对称矩阵，且当 $j=k$ 时，有

$$r_{ij}=\frac{1}{n-1}\sum_{i=1}^{n}\frac{\left(x_{ij}-\overline{x}_j\right)^2}{S_j^2}=\frac{1}{9S_j^2}\cdot 9S_j^2=1,$$

即相关矩阵 $\boldsymbol{R}$ 的主对角线上的元素全为 1，针对实际问题，利用 MATLAB 软件，可计算出

$$\boldsymbol{R}=\begin{pmatrix}1.0000 & -0.1890 & -0.8707 & -0.3844 & 0.5213\\ -0.1890 & 1.0000 & 0.2214 & 0.8676 & 0.4097\\ -0.8707 & 0.2214 & 1.0000 & 0.3842 & -0.4823\\ -0.3844 & 0.8676 & 0.3842 & 1.0000 & 0.4617\\ 0.5213 & 0.4097 & -0.4823 & 0.4617 & 1.0000\end{pmatrix}.$$

步骤 4，求出相关矩阵的特征值与特征向量。

利用 MATLAB 软件或迭代法求出相关矩阵 $\boldsymbol{R}$ 的全部特征值 $\lambda_1\geqslant\cdots\geqslant\lambda_5$ 和对应的特征向量 $\boldsymbol{u}_1,\cdots,\boldsymbol{u}_5$，即有

$$\lambda_1=2.4724,\lambda_2=2.0845,\lambda_3=0.2751,\lambda_4=0.1335,\lambda_5=0.0345,$$

$$\boldsymbol{u}_1=\begin{bmatrix}-0.5342\\0.4142\\0.5383\\0.4941\\-0.0953\end{bmatrix},\boldsymbol{u}_2=\begin{bmatrix}-0.3243\\-0.4605\\0.3039\\-0.4198\\-0.6436\end{bmatrix},\boldsymbol{u}_3=\begin{bmatrix}-0.2379\\-0.6822\\0.2529\\0.1593\\0.6234\end{bmatrix}$$

$$\boldsymbol{u}_4=\begin{bmatrix}0.6396\\0.0837\\0.7407\\-0.1703\\0.0787\end{bmatrix},\boldsymbol{u}_5=\begin{bmatrix}-0.3791\\0.3795\\0.0725\\-0.7247\\0.4264\end{bmatrix}$$

用迭代法的计算步骤如下：

（1）对 $\boldsymbol{R}$ 列求和，$\sigma_j=\sum_{i=1}^{5}r_{ij},j=1,\cdots,5$；

（2）令 $\sigma=\max\limits_{1<j<5}\sigma_j$，构造向量 $\boldsymbol{u}_1=\frac{1}{\sigma}\left(\sigma_1,\sigma_2,\cdots,\sigma_5\right)^{\tau}$，并将其作为迭代法的初始

向量；

（3）计算 $\boldsymbol{Ru}_1$。记 $\boldsymbol{Ru}_1=\left(b_1,\cdots,b_5\right)^r$，取 $b=\max\limits_{1\leqslant j\leqslant s}b_j$，令 $\boldsymbol{u}_2=\dfrac{1}{b}\left(b_1,\cdots,b_5\right)^T$；

（4）按（3）反复迭代，则 $\boldsymbol{u}_n\to\boldsymbol{u}$，这时 $\boldsymbol{Ru}$ 中各元素的最大值即为 $\boldsymbol{R}$ 的第一（最大）特征值，记为 $\lambda_1,\boldsymbol{u}$ 即为第一特征向量，记为 v_1；

（5）令 $\boldsymbol{A}=\boldsymbol{R}-\lambda_1v_1v_1^T$，对 $\boldsymbol{A}$ 重复（1）~（4）步，求得相关矩阵 $\boldsymbol{R}$ 的第二特征值 λ_2 和对应的特征向量记为 v_2；

（6）依次类推，可得相关矩阵 $\boldsymbol{R}$ 的所有特征值和特征向量。

步骤 5，计算主成分。

（1）将特征向量 $\boldsymbol{u}_1,\cdots,\boldsymbol{u}_5$ 归一化，记为 $v_1,\cdots,v_5$，分别称为第一个至第五个标准化特征向量：

$$\lambda_1=2.4724,v_1=(-0.6358,0.5069,0.6588,0.6047,-0.1166)^T,$$

$$\lambda_1=2.0845,v_2=(0.2100,0.2982,-0.1968,0.2718,0.4168)^T,$$

$$\lambda_3=0.2751,v_3=(-2.0597,-5.9065,2.1896,1.3792,5.3974)^T,$$

$$\lambda_4=0.1335,v_4=(0.4660,0.0610,0.5397,-0.1241,0.0573)^T,$$

$$\lambda_5=0.0345,v_5=(1.6819,-1.6837,-0.3217,3.2152,-1.8917)^T.$$

需要注意的是：第一个标准化特征向量指的是最大特征值对应的特征向量，第二个标准化特征向量指的是次大特征值对应的特征向量，以此类推。

（2）求第一主成分。

称 5 个指标 $Z_1,\cdots,Z_5$ 与第一个标准化特征向量的线性组合

$$F_1=-0.6539Z_1+0.5070Z_2+0.6589Z_3+0.6048Z_4-0.1166Z_5$$

为第一主成分或第一因子，称

$$\tau_1=\frac{\lambda_1}{\lambda_1+\cdots+\lambda_5}=\frac{\lambda_1}{tr\boldsymbol{R}}=\frac{\lambda_1}{5}=0.4945$$

为第一主成分的贡献率。

（3）求第二主成分。

称 5 个指标 $Z_1,\cdots,Z_5$ 与第二个标准化特征向量的线性组合

$$F_2=0.2100Z_1+0.2982Z_2-0.1968Z_3+0.2718Z_4+0.4168Z_5$$

为第二主成分或第二因子，称 $\tau_2=\lambda_2/tr\boldsymbol{R}=\lambda_2/5=0.4169$ 为第二主成分的贡献率，称

$\tau_1+\tau_2$ 为前两个主成分的累计贡献率，一般要求累计贡献率不得小于 85% 或 90%，如果小于 85% 或 90%，则依次计算第三、第四和第五主成分，称 F_i 为综合性指标，它们综合了原有的五个指标的信息，而不是简单丢掉某些指标的信息。

三、主成分的含义

通过分析主成分中系数最大或系数最小的指标（称为该主成分对应的关键指标），来确定该主成分的取值是越大越好，还是越小越好，当主成分的取值一样时，或考虑下一个主成分，或考虑关键指标的取值。

（一）第一主成分的含义

在第一主成分 F_1 的表达式

$$F_1=-0.6539Z_1+0.5070Z_2+0.6589Z_3+0.6048Z_4-0.1166Z_5$$

中，Z_1 的系数最小，Z_3 的系数最大，而 Z_1 和 Z_3 分别刻画的是企业的投资水平和经营水平，投资水平越高，Z_1 就越大，而经营水平越高，Z_3 就越小，这说明 F_1 的取值越小越好。于是，用第一主成分 F_1 衡量各企业的经济效益情况，应是 F_1 的取值越小，企业的经济效益越好，由于 F_1 的贡献率是 49.45%，接近一半，所以可先按 F_1 的取值从小到大对 10 个企业的经济效益进行排序，见表 3-3，相同取值的企业排为同一个顺序，如果第一主成分的贡献率超过 55%，只需按第一主成分排序即可，如果第一主成分的贡献率没超过 55%，可考虑第二主成分。

表 3-3　对企业经济效益的排序表

企业	F_1 的取值	排序结果
1	16.9579	9
2	3.3413	8
3	18.4740	10
4	0.9662	6
5	-3.4843	5
6	2.6252	7
7	-15.5906	3
8	-22.4855	1
9	-18.7750	2
10	-10.4578	4

（二）第二主成分的含义

在第二主成分 F_2 的表达式

$$F_2 = 0.2100Z_1 + 0.2982Z_2 - 0.1968Z_3 + 0.2718Z_4 + 0.4168Z_5$$

中，Z_3 的系数最小，Z_5 的系数最大，而 Z_3 和 Z_5 都是刻画企业的经营水平的。经营水平越高，Z_3 越小，Z_5 越大，于是 F_2 越大，也就是说，用 F_2 衡量各企业的经济效益时，F_2 的取值越大，企业的经济效益越好。

在按 F_1 的取值对各企业的经济效益进行排序后，可用 F_2 的取值对排序结果进行微调，即对取值接近的排序结果进行调整，由于 F_1 和 F_2 的累计贡献率是 91.14%，所以只需按 F_1 和 F_2 对企业的经济效益进行排序即可，结果见表 3–4。如果还有同一顺序的企业，可利用关键指标（Z_4）的取值进行调整，如果累计贡献率仍小于 85%，则需考虑第三主成分，以此类推，直至累计贡献率不小于 85% 为止。

表 3–4 企业经济效益排序表

企业	F_1 的取值	F_1 的排序结果	F_2 的取值	最终排序
1	16.9579	9	26.2299	9
2	3.3413	8	37.1295	7
3	18.4740	10	20.0470	10
4	0.9662	6	23.8678	6
5	-3.4843	5	18.6414	5
6	2.6252	7	17.1468	8
7	-15.5906	3	33.9330	3
8	-22.4855	1	24.1610	1
9	-18.7750	2	22.1691	2
10	-10.4578	4	17.0151	4

从上面的分析中我们可以知道，第一主成分反映的是企业的投资水平和经营水平，第二主成分反映的只是企业的经营水平，现利用 F_2 的取值对排序结果进行调整，首先选择 F_1 取值相近的企业，如：企业 2、企业 4 和企业 6，其次利用这些企业的 F_2 取值对它们的排序结果进行调整：

对企业 4 和企业 6，由于它们的 F_1 取值相差 1.659，F_2 取值相差 6.721，故调整为 F_2 的排序结果（与 F_1 的排序结果相同）。

对企业 2 和企业 6，由于它们的 F_1 取值相差 0.7161，F_2 取值相差 19.9827，故调整为

F_2 的排序结果（与 F_1 的排序结果相反）。

第五节　典型相关分析法

典型相关分析法的基本思想是识别和量化两个指标组之间的相关性，用于判断指标组之间的相关关系。我们知道，在许多实际问题中都需要研究指标组之间的相关性，例如：工厂质量管理人员需要了解原材料质量的主要指标 $y_1,\cdots,y_q$ 与产品质量的主要指标 $y_1,\cdots,y_q$ 之间的相关性，以便采取措施提高产品质量；在生物学中，常常需要了解某生物种群情况（用一组指标 $x_1,\cdots,x_p$ 表示）与其生活环境情况（用另一组指标 $y_1,\cdots,y_q$ 表示）之间的关系，这对保持生态平衡具有指导意义；在流行病学研究中，需要了解某种疾病的传染情况（用一组指标 $x_1,\cdots,x_p$ 表示）与自然环境和社会环境（用另一组指标 $y_1,\cdots,y_q$ 表示）之间的相关性，以便制定有效的预防措施等。

设 $|x_1,\cdots,x_p|$ 是一组指标，$|y_1,\cdots,y_q|$ 是另一组指标，受主成分分析法的启发，我们可以分别构造这两组指标的适当线性组合：

$$\begin{cases} \boldsymbol{U}=a_1x_1+\cdots+a_px_p \\ \boldsymbol{V}=b_1y_1+\cdots+b_qy_q \end{cases}.$$

将两组指标间的相关性转化为两个变量 $\boldsymbol{U}$ 和 $\boldsymbol{V}$ 之间的相关性来考虑，不失一般性，本节假设每组指标均为独立指标，且指标间不含重复信息，具体地说，就是指标（$x_1,\cdots,x_p$）与（$y_1,\cdots,y_q$）是相互独立的，且所含信息不重复；否则，在构造变量 $\boldsymbol{U}$ 时，线性相关的指标就会被综合掉。

下面讨论如果确定组合系数向量 $\boldsymbol{a}=\left(a_1,\cdots,a_p\right)^T$ 和 $\boldsymbol{b}=\left(b_1,\cdots,b_q\right)^T$ 使 $\boldsymbol{U}$、$\boldsymbol{V}$ 之间的相关性 ρ_{UV} 达到最大，这时称（$\boldsymbol{U},\boldsymbol{V}$）为一对典型变量，称 ρ_{UV} 为对应的典型相关系数。

一、典型变量与典型相关系数的计算方法

分别给出两组指标 $\left\{x_1,\cdots,x_p\right\}$ 和 $\left\{y_1,\cdots,y_q\right\}$ 的样本数据集：

$$\left\{\boldsymbol{x}_i=\left(x_{i1},\cdots,x_{ip}\right)\right\}_{i=1}^{n}\subset\mathbf{R}^p \text{和} \left\{\boldsymbol{y}_i=\left(y_{i1},\cdots,y_{iq}\right)\right\}_{i=1}^{n}\subset\boldsymbol{R}^q\ .$$

设 $\boldsymbol{x}=\left(x_1,\cdots,x_p\right)^T$，$\boldsymbol{y}=\left(y_1,\cdots,y_q\right)^T$ 分别表示指标向量。

第一步，写出原始数据矩阵。

用 $\boldsymbol{X}$ 表示指标组 $\left\{x_1,\cdots,x_p\right\}$ 的原始数据矩阵，用 $\boldsymbol{Y}$ 表示指标组 $\left\{y_1,\cdots,y_q\right\}$ 的原始数据矩阵，则

$$\boldsymbol{X}=\begin{bmatrix}\boldsymbol{x}_1\\ \vdots\\ \boldsymbol{x}_n\end{bmatrix}=\begin{bmatrix}x_{11} & \cdots & x_{1p}\\ \vdots & \ddots & \vdots\\ x_{n1} & \cdots & x_{np}\end{bmatrix}_{n\times p},\boldsymbol{Y}=\begin{bmatrix}\boldsymbol{y}_1\\ \vdots\\ \boldsymbol{y}_n\end{bmatrix}=\begin{bmatrix}y_{11} & \cdots & y_{1q}\\ \vdots & \ddots & \vdots\\ y_{n1} & \cdots & y_{nq}\end{bmatrix}.$$

第二步，将原始数据矩阵标准化。

记

$$\overline{\boldsymbol{x}_j}=\frac{1}{n}\sum_{i=1}^{n}x_{ij},S_j^2=\frac{1}{n-1}\sum_{i=1}^{n}\left(x_{ij}-\overline{\boldsymbol{x}_j}\right)^2,S_j=\sqrt{S_j^2},j=1,\cdots,p.$$

利用公式

$$w_{ij}=\frac{x_{ij}-\overline{\boldsymbol{x}_j}}{S_j},i=1,\cdots,n,j=1,\cdots,p,$$

将 $\boldsymbol{X}$ 化为标准化矩阵 $\boldsymbol{W}$，同理，将 $\boldsymbol{Y}$ 化为标准化矩阵 $\boldsymbol{Z}$。

第三步，构造两组指标间的相关矩阵 $\boldsymbol{R}$。

记

$$\boldsymbol{R}_{11}=\frac{1}{n-1}\boldsymbol{W}^T\boldsymbol{W}\in\boldsymbol{R}^{p\times p},$$

$$\boldsymbol{R}_{22}=\frac{1}{n-1}\boldsymbol{Z}^T\boldsymbol{Z}\in\boldsymbol{R}^{q\times \eta},$$

$$\boldsymbol{R}_{12}=\frac{1}{n-1}\boldsymbol{W}^T\boldsymbol{Z}\in\boldsymbol{R}^{p\times q},$$

$$\boldsymbol{R}_{21}=\boldsymbol{R}_{12}^T\in\boldsymbol{R}^{q\times p}.$$

令

$$\boldsymbol{R}=\begin{bmatrix}\boldsymbol{R}_{11}\boldsymbol{R}_{12}\\ \boldsymbol{R}_{21}\boldsymbol{R}_{22}\end{bmatrix}\in\boldsymbol{R}^{(p+q)\times(p+q)},$$

称 $\boldsymbol{R}$ 为两组指标间的相关矩阵，显然

$$\boldsymbol{R}=\frac{1}{n-1}[\boldsymbol{W},\boldsymbol{Z}]^T[\boldsymbol{W},\boldsymbol{Z}]. \tag{3-5}$$

式（3-5）表明相关矩阵 $\boldsymbol{R}$ 是对称非负定阵，可以证明 $\boldsymbol{R}$ 的主对角线上的元素全为 1。

事实上，$\boldsymbol{R}_{11}$ 是第一组指标间的相关矩阵，$\boldsymbol{R}_{22}$ 是第二组指标间的相关矩阵，由主成分分析法知，$\boldsymbol{R}_{11}$ 和 $\boldsymbol{R}_{22}$ 的主对角线上的元素全为 1，因此$\boldsymbol{R}$的主对角线上的元素全为 1。

第四步，计算特征值和特征向量。

分别计算矩阵 $\boldsymbol{R}_{11}^{-1}\boldsymbol{R}_{12}\boldsymbol{R}_{22}^{-1}\boldsymbol{R}_{21} \in \boldsymbol{R}^{p\times p}$ 和 $\boldsymbol{R}_{22}^{-1}\boldsymbol{R}_{21}\boldsymbol{R}_{11}^{-1}\boldsymbol{R}_{12} \in \boldsymbol{R}^{q\times q}$ 的前 k 个最大特征值 $\lambda_1 \geqslant \cdots \geqslant \lambda_k \geqslant 0$ 及对应的标准正交化特征向量 $\boldsymbol{e}_1,\cdots,\boldsymbol{e}_k \in \boldsymbol{R}^p$ 和 $\boldsymbol{d}_1,\cdots,\boldsymbol{d}_k \in \boldsymbol{R}^y$ 。

这里需要说明的是：

（1）虽然矩阵 $\boldsymbol{R}_{11}^{-1}\boldsymbol{R}_{12}\boldsymbol{R}_{22}^{-1}\boldsymbol{R}_{21}$ 和 $\boldsymbol{R}_{22}^{-1}\boldsymbol{R}_{21}\boldsymbol{R}_{11}^{-1}\boldsymbol{R}_{12}$ 的阶数可能不同，但在不考虑重数的前提下，它们有完全相同的特征值（证明略）。

（2）由于假设了每组指标均为独立指标，且指标间不含重复信息，所以矩阵 $\boldsymbol{R}_{11}$ 和 $\boldsymbol{R}_{22}$ 均为对称正定阵，从而逆矩阵 $\boldsymbol{R}_{11}^{-1}$ 和 $\boldsymbol{R}_{22}^{-1}$ 存在。

第五步，令

$$\boldsymbol{U}_j = \mathbf{e}_j^T \boldsymbol{R}_{11}^{-1/2}\boldsymbol{x}, j=1,\cdots,k,$$
$$\boldsymbol{V}_j = \mathbf{d}_j^T \boldsymbol{R}_{22}^{-1/2}\boldsymbol{y}, j=1,\cdots,k 。$$

其中，$\boldsymbol{x}=\left(x_1,\cdots,x_p\right)^T$，$\boldsymbol{y}=\left(y_1,\cdots,y_q\right)^T$ 是指标向量，称$\left(\boldsymbol{U}_j,\boldsymbol{V}_j\right)$为第 j 对典型变量，称 $\rho_{U,V}=\sqrt{\lambda_j}$ ，为第 j 个典型相关系数，这里需要注意的是：

（1）$\boldsymbol{R}_{11}^{-1/2}\left(\boldsymbol{R}_{22}^{-1/2}\right)$的具体含义是指 $\boldsymbol{R}_{11}^{-1/2}\cdot\boldsymbol{R}_{11}^{-1/2}=\boldsymbol{R}_{11}^{-1}$ 。

（2）第 j 对典型变量是指对应于第 j 大特征值的典型变量。

第六步，从第一对典型变量开始分析两组指标间的相关程度。

（1）典型相关系数越小，说明第 j 对典型变量反映出的指标间的相关程度越低，由 $\rho_{U,V}=\sqrt{\lambda_j}$ 可以显现出来。

（2）典型变量反映出的相关程度主要体现在系数绝对值较大的指标之间，具体地说，就是$\boldsymbol{U}_1$ 中系数绝对值较大的那些指标与V_1 中系数绝对值较大的那些指标有较高的相关性，或者说，$\boldsymbol{U}_1$ 中的这些指标主要受V_1 中的这些指标的影响，反之亦然。

二、实际问题

通过下面 6 个指标来分析空气温度与土壤温度之间的关系，表 3-5 为土壤温度与空气温度指标。

表 3-5　土壤温度与空气温度指标

土壤温度	空气温度
x_1：日最高土壤温度	y_1：日最高气温
x_2：日最低土壤温度	y_2：日最低气温
x_3：日土壤温度曲线积分值（日平均土壤温度值的度量）	y_3：日气温曲线积分值（日平均气温的度量）

现观测了 46 天，具体数据见表 3-6。

表 3-6　日土壤温度和日气温数据

序号	x_1	x_2	x_3	y_1	y_2	y_3
1	85	59	151	84	65	147
2	86	61	159	84	65	149
3	83	64	152	79	66	142
4	83	65	158	81	67	147
5	88	69	180	84	68	167
6	77	67	147	74	66	131
7	78	69	159	73	66	131
8	84	68	159	75	67	134
9	89	71	195	84	68	161
10	91	76	206	86	72	169
11	91	76	206	88	73	176
12	94	76	211	90	74	187
13	94	75	211	88	72	171
14	92	70	201	58	72	171
15	87	68	167	81	69	154
16	87	66	173	84	69	160
17	87	68	177	84	70	160
18	88	70	169	84	70	168
19	83	66	170	77	67	147
20	92	67	196	87	67	166
21	92	72	199	89	69	171
22	94	72	204	89	72	180
23	92	73	201	93	72	186
24	93	72	206	93	74	188
25	94	72	208	94	75	199

续表

序号	x_1	x_2	x_3	y_1	y_2	y_3
26	95	73	214	93	74	193
27	95	70	210	93	74	196
28	95	71	207	96	75	198
29	95	69	202	95	76	202
30	96	69	173	84	73	173
31	91	69	168	91	71	170
32	89	70	189	88	72	179
33	95	71	210	89	72	179
34	96	73	208	91	72	182
35	97	75	215	92	74	196
36	96	69	198	94	75	192
37	95	67	196	96	75	195
38	94	75	211	93	76	198
39	92	73	198	88	74	188
40	90	74	197	88	74	178
41	94	70	205	91	72	175
42	95	71	209	92	72	190
43	96	72	208	92	73	189
44	95	71	208	94	75	194
45	96	71	208	96	76	202

问题求解：

步骤 1，分别写出土壤温度和空气温度的原始数据矩阵：

$$\boldsymbol{X}=\begin{bmatrix}85 & 59\cdots151\\ \vdots & \ddots \quad \vdots\\ 96 & 71\cdots208\end{bmatrix}_{46\times3},\boldsymbol{Y}=\begin{bmatrix}84 & 65\cdots147\\ \vdots & \ddots \quad \vdots\\ 96 & 76\cdots202\end{bmatrix}_{46\times3}.$$

步骤 2，利用 MATLAB 软件求出矩阵 $\boldsymbol{X}$ 和 $\boldsymbol{Y}$ 的标准化矩阵 $\boldsymbol{W}$ 和 $\boldsymbol{Z}$，进而构造出两组指标 $\{x_1,x_2,x_3\}$ 和 $\{y_1,y_2,y_3\}$ 间的相关矩阵 $\boldsymbol{R}$：

$$R=\begin{bmatrix} R_{11} & R_{12} \\ R_{21} & R_{22} \end{bmatrix}=\begin{bmatrix} 1.0000 & 0.5705 & 0.8751 & 0.7136 & 0.8400 & 0.9143 \\ 0.5705 & 1.0000 & 0.7808 & 0.3796 & 0.6809 & 0.5907 \\ 0.8751 & 0.7808 & 1.0000 & 0.6256 & 0.8185 & 0.8695 \\ 0.7136 & 0.3796 & 0.6256 & 1.0000 & 0.6705 & 0.7850 \\ 0.8400 & 0.6809 & 0.8185 & 0.6705 & 1.0000 & 0.9324 \\ 0.9143 & 0.5907 & 0.8695 & 0.7850 & 0.9324 & 1.0000 \end{bmatrix}$$

步骤 3，利用 MATLAB 软件分别计算出矩阵

$$\boldsymbol{R}_{11}^{-1}\boldsymbol{R}_{12}\boldsymbol{R}_{22}^{-1}\boldsymbol{R}_{21}=\begin{bmatrix} 0.5664 & 0.4430 & 0.5252 \\ -0.0747 & 0.3080 & -0.0330 \\ 0.3585 & -0.1034 & 0.3307 \end{bmatrix},$$

$$\boldsymbol{R}_{22}^{-1}\boldsymbol{R}_{21}\boldsymbol{R}_{11}^{-1}\boldsymbol{R}_{12}=\begin{bmatrix} -0.0295 & -0.0375 & -0.0673 \\ -0.1569 & 0.2182 & -0.1141 \\ 0.8235 & 0.6144 & 1.0164 \end{bmatrix},$$

的非负特征值，且按从大到小的顺序排列：

$$\lambda_1=0.8609,\lambda_2=0.3160,\lambda_3=0.0275,$$

它们对应的标准正交化特征向量 $\boldsymbol{e}_1,\boldsymbol{e}_2,\boldsymbol{e}_3$ 和 $\boldsymbol{d}_1,\boldsymbol{d}_2,\boldsymbol{d}_3$：

$$\boldsymbol{e}_1=\begin{bmatrix} 0.3177 \\ 0.4409 \\ -0.8394 \end{bmatrix},\boldsymbol{e}_2=\begin{bmatrix} -0.0005 \\ 0.8854 \\ 0.4649 \end{bmatrix},\boldsymbol{e}_3=\begin{bmatrix} -0.9482 \\ 0.1472 \\ -0.2815 \end{bmatrix}.$$

步骤 4，利用公式

$$\boldsymbol{U}_j=\boldsymbol{e}_j^T\boldsymbol{R}_{11}^{-1/2}\boldsymbol{x},\boldsymbol{V}_j=\mathbf{d}_j^T\boldsymbol{R}_{22}^{-1/2}\boldsymbol{y},j=1,2,3$$

分别计算各对典型变量，第一对典型变量为

$$\begin{cases} \boldsymbol{U}_1=0.3177x_1+0.4409x_2-0.8394x_3, \\ \boldsymbol{V}_1=-0.2973y_1-0.3808y_2+0.8756y_3. \end{cases}$$

第一个典型相关系数为 $\rho_1=\sqrt{\lambda_1}=\sqrt{0.8609}=0.9278$，第二对典型变量为

$$\begin{cases} \boldsymbol{U}_2=-0.0005x_1+0.8854x_2+0.4649x_3, \\ \boldsymbol{V}_2=-0.4847y_1-0.7299y_2-0.4820y_3. \end{cases}$$

第二个典型相关系数 $\rho_2=\sqrt{\lambda_2}=\sqrt{0.3160}=0.5621$.

第三对典型变量为

$$\begin{cases} \boldsymbol{U}_2 = -0.0005x_1 + 0.8854x_2 + 0.4649x_3 \\ \boldsymbol{V}_2 = -0.4847y_1 - 0.7299y_2 - 0.4820y_3 \end{cases}.$$

步骤 5，分析两组指标$\{x_1,x_2,x_3\}$和$\{y_1,y_2,y_3\}$间的关系。

由于第三个典型相关系数远远小于第一个和第二个典型相关系数，所以我们只根据前两对典型变量来分析指标间的关系。

在第一对典型变量中，由于x_3,y_3的系数绝对值较大，所以$\boldsymbol{U}_1$主要受“日均土壤温度”的影响，$\boldsymbol{V}_1$主要受“日均气温”的影响，因此，第一对典型变量反映出了“日均气温”与“日均土壤温度”之间有相关关系，第一个典型相关系数为$\rho_1=0.9278$，表明有显著的相关关系。

同理，第二对典型变量主要反映出了“日最低气温”与“日最低土壤温度”之间有相关性，第二个典型相关系数为$\rho_2=0.5621$，表明有一般的相关关系。

第六节　聚类分析法

聚类分析法是将研究对象进行分类的一种认识世界的重要方法，比如：有关时间进程的研究，就形成了历史学；有关空间地域的研究，就形成了地理学。事实上，分门别类地对事物进行研究，要远比在一个混杂多变的集合中进行研究更清晰、明了和细致，这是因为同一类事物会具有更多的相似性。

通常，人们可以凭借经验和专业知识来实现分类，而聚类分析作为一种定量方法，将从数据分析的角度，给出一个更准确、更细致的分类结果。聚类分析又称群分析，是对多个样本或多个指标（特征）进行定量分类的一种多元统计分析方法，给出n个研究对象$\{w_1,\cdots,w_n\}$,m个指标$\{P_1,\cdots,P_m\}$，第i个研究对象w_i的指标值构成一个行向量$\boldsymbol{x}_i=(x_{i1},\cdots,x_{im}),i=1,\cdots,n$，称每个研究对象或其对应的指标向量为一个样本，对样本进行分类的称为Q型聚类分析法（也称样本聚类分析法），对指标进行分类的称为R型聚类分析法（也称指标聚类分析法）。

一、Q型聚类分析法（样本聚类分析法）

Q型聚类分析法（简称Q型聚类法）是对样本进行分类的，是根据样本间的相似性和样本类间的相似性将样本$\{x_1,\cdots,x_n\}$分成$k(k\leqslant n)$个类，如何定义样本间的相似性和类间的相似性呢？在Q型聚类法中，一般是用距离来度量相似性的，距离越小，相似性越强。常用的距离有以下几种：

（一）样本间的距离

（1）绝对值距离：$d(\boldsymbol{x},\boldsymbol{y})=\sum^{m}\left|x_j-y_j\right|$，其中

$$\boldsymbol{x}=(x_1,\cdots,x_m),\boldsymbol{y}=(y_1,\cdots,y_m)\in\boldsymbol{R}^m.$$

（2）欧氏距离：$d(\boldsymbol{x},\boldsymbol{y})=\sqrt{\sum^{m}\left(x_j-y_j\right)^2}$.

（3）切比雪夫距离：$d(\boldsymbol{x},\boldsymbol{y})=\max\limits_{1\leqslant j\leqslant m}\left|x_j-y_j\right|$.

（二）样本类间的距离

给出两个样本类G_1和G_2,G_1中含有n_1个样本，G_2中含有n_2个样本，用

$$\overline{x}=\frac{1}{n_1+n_2}\sum_{x\in G_1\cup G_2}x,\overline{x}_1=\frac{1}{n_1}\sum_{x\in G_1}x,\overline{x}_2=\frac{1}{n_2}\sum_{y\in G_2}y$$

分别表示样本的整体均值和类均值，下面定义G_1和G_2间的距离。

（1）最短距离：$D(G_1,G_2)=\min\limits_{x\in G_1,y\in G_1}\{d(x,y)\}$，即用两类中最近的两个样本间的距离作为两类之间的距离。

（2）最长距离：$D(G_1,G_2)=\max\{d(x,y)\}$，即用两类中最远的两个样本间的距离作为两类之间的距离。

（3）重心距离：$D(G_1,G_2)=d(x_1,x_2)$，即用两类类均值间的距离作为两类之间的距离。

（4）平均距离：$D(G_1,G_2)=\frac{1}{n_1n_2}\sum_{x\in G_i}\sum_{y\in G_t}d(x,y)$.

（5）离差平方和的距离：$D(G_1,G_2)=D_{12}-D_1-D_2$，其中

$$D_1=\sum_{x\in G_1}(x-\overline{x}_1)^T(x-\overline{x}_1),D_2=\sum_{y\in G_2}(y-\overline{x}_2)^T(y-\overline{x}_2),$$

$$D_{12}=\sum_{x\in G_1\cup G_2}(x-\overline{x})^T(x-\overline{x}).$$

（三）Q 型聚类法的基本步骤

为了能更好地说明 Q 型聚类法的基本步骤，我们从一个实际问题出发。

问题 1：工作业绩分类

设有 5 个销售员，他们的工作业绩由销售量 v_1（单位：百件）和回款额 v_2（单位：万元）来衡量，具体数据见表 3–7。

表 3–7　销售量与回款额

销售员	v_1	v_2
w_1	1	0
w_2	1	1
w_3	3	2
w_4	4	3
w_5	2	5

试分析这 5 个销售员的工作业绩，将其分为最佳、较好和较差三个等级。

问题求解：将 5 个销售员看作 5 个样本(一般设为 n 个样本)，v_1, v_2 看作两个指标(一般设为 m 个指标)，销售员 $\boldsymbol{w}_i$ 的工作业绩可用二维向量表示：

$$\boldsymbol{w}_i = \left(v_{i1}, v_{i2}\right), i = 1, \cdots, 5.$$

选用绝对值距离作为样本间距离，最短距离作为类间距离。

第一步，计算 n 个样本点两两之间的距离 d_{ij}，构成距离矩阵 $\boldsymbol{D} = \left[d_{ij}\right]_{n \times n}$，

$$\begin{matrix} w_1 w_2 & w_3 & w_4 & w_5 \end{matrix}$$

$$\boldsymbol{D} = w_3 w_4 w_4 \begin{bmatrix} 0 & 1 & 4 & 6 & 6 \\ 1 & 0 & 3 & 5 & 5 \\ 4 & 3 & 0 & 2 & 4 \\ 6 & 5 & 2 & 0 & 4 \\ 6 & 5 & 4 & 4 & 0 \end{bmatrix}$$

第二步，将每个样本作为一个类，形成 n 个类，这时每一类的平台高度看作 0，即

$$G_i = \{w_i\}, i = 1, \cdots, 5,$$

$$H_0 = \{G_1, \cdots, G_5\} = \{\{w_1\}, \cdots, \{w_5\}\},$$

$$f\left(H_0\right) = 0.$$

第三步，合并距离最近的类（可在距离矩阵 $\boldsymbol{D} = \left[d_{ij}\right]_{n \times n}$ 中直接找到）作为新类，并

且以这个最近的距离值作为新的平台高度，可得 4 个类，即

$$G_{12}=\{w_1,w_2\},G_i=\{w_i\},i=3,4,5,$$

$$H_1=\{G_{12},G_3,G_4,G_5\}=\{\{w_1,w_2\},\{w_3\},\{w_4\},\{w_5\}\},$$

$$f(H_1)=1.$$

第四步，重复第三步，可得 3 个类：

$$G_{12}=\{w_1,w_2\},G_{34}=\{w_3,w_4\},G_5=\{w_5\},$$

$$H_2=\{G_{12},G_{34},G_5\}=\{\{w_1,w_2\},\{w_3,w_4\},\{w_5\}\},$$

$$f(H_2)=2.$$

第五步，以此类推，可得 2 个类：

$$G_{1234}=\{w_1,w_2,w_3,w_4\},G_5=\{w_5\},$$

$$H_3=\{G_{1234},G_5\}=\{\{w_1,w_2,w_3,w_4\},\{w_5\}\},$$

$$f(H_3)=3.$$

直至合并到 1 个类为止，这时有

$$G_{12345}=\{w_1,w_2,w_3,w_4,w_5\},$$

$$H_4=\{G_{12345}\}=\{w_1,w_2,w_3,w_4,w_5\},$$

$$f(H_4)=4.$$

第六步，画出样本聚类图：

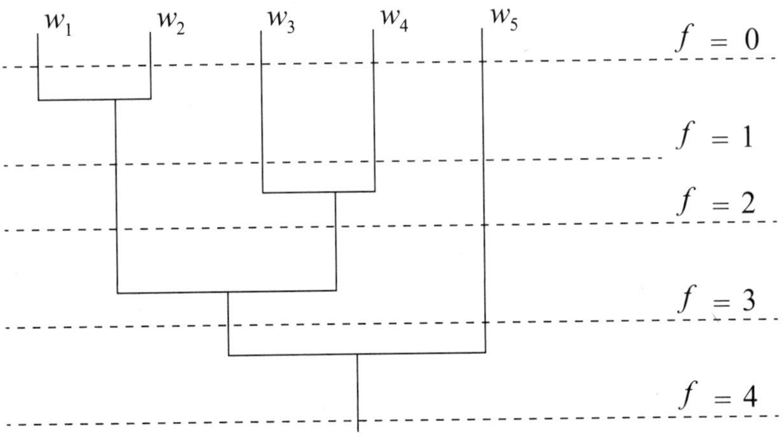

第七步，决定类的个数和具体的类。

由于此问题要求为将其分成三个类，故有

$$H*=\{G_{12},G_{34},G_5\}=\{\{w_1,w_2\},\{w_3,w_4\},\{w_5\}\}.$$

根据问题所提供的数据可得，在 5 个推销员中，w_5 的工作业绩最佳，w_3,w_4 较好，w_1,w_2 较差。

二、R 型聚类分析法（指标聚类分析法）

在系统分析或评估过程中，为了避免遗漏某些重要因素，往往在一开始选择指标时，尽可能多地考虑相关因素，而这样做的结果，则是指标过多，指标间的相关度高，给系统分析和建模带来了很大的不便。因此，人们希望研究指标间的相似关系，按照指标的相似关系把它们聚合成若干个类，进而找出影响系统的主要因素。

假设给出 n 个研究对象 $\{w_1,\cdots,w_n\}$，m 个指标 $\{P_1,\cdots,P_m\}$，第 i 个研究对象 w_i 的指标值为行向量 $\boldsymbol{x}_i=(x_{i1},\cdots,x_{im}),i=1,\cdots,n$。R 型聚类分析法（简称 R 型聚类法）是研究如何根据指标间的相似性和指标类间的相似性将指标分成 $k(k\leqslant n)$ 个类。为此，首先需要定义指标间的相似性和指标类间的相似性。

（一）指标间的相似性

指标间的相似性是使用指标间的相关系数来衡量的，相关系数越大，指标间的相似性就越高，设

$$\boldsymbol{X}=\begin{bmatrix}\boldsymbol{x}_1\\ \vdots\\ \boldsymbol{x}_n\end{bmatrix}=\begin{pmatrix}x_{11}&\cdots&x_{1m}\\ \vdots&\ddots&\vdots\\ x_{n1}&\cdots&x_{nm}\end{pmatrix}=\left[\boldsymbol{x}_{ij}\right]\in\boldsymbol{R}^{n\times m}$$

是原始数据矩阵，$\boldsymbol{Z}=\left[\boldsymbol{z}_{ij}\right]\in\boldsymbol{R}^{n\times m}$ 是标准化数据矩阵，其中

$$z_{ij}=\frac{x_{ij}-\overline{x_j}}{S_j},i=1,\cdots,n,j=1,\cdots,m,$$

$$\overline{x_j}=\frac{1}{n}\sum_{i=1}^{n}x_{ij},S_j^2=\frac{1}{n-1}\sum_{i=1}^{n}\left(x_{ij}-\overline{x_j}\right)^2,S_j=\sqrt{S_j^2},j=1,\cdots,m.$$

令

$$\boldsymbol{R}=\left[r_{jk}\right]=\frac{1}{n-1}\boldsymbol{Z}^{\tau}\boldsymbol{Z}\in\boldsymbol{R}^{m\times m},$$

称 R 是指标间的相关矩阵，称 r_{jk} 是指标 $\boldsymbol{P}_j,\boldsymbol{P}_k$ 间的相关系数，r_{jk} 越大，$\boldsymbol{P}_j,\boldsymbol{P}_k$ 间的相似性越高。

（二）指标类间的相似性

在 R 型聚类法中，指标类间的相似性常用指标类间的距离来衡量，距离越小，相似性越高，而指标类间的距离又常用最长距离法或最短距离法来定义，具体方法如下，设 G_1 和 G_2 是两个指标类，则

$$R\left(G_1,G_2\right)=\max_{x_i\in G_i,x_i\in G_2}\left\{d_{ij}\right\}.$$

（1）当用最大距离法时，G_1 和 G_2 间的距离定义为

$$R\left(G_1,G_2\right)=\max_{x_i\in G_i,x_j\in G_2}\left\{d_{ij}\right\}.$$

其中，$d_{ij}=1-\left|r_{ij}\right|$ 或 $d_{ij}=\sqrt{1-r_{ij}^2}$ ，即指标类间的距离 $R\left(G_1,G_2\right)$ 与两指标类中的最小相似系数有关。

（2）当用最小距离法时，G_1 和 G_2 间的距离定义为

$$R(G_1,G_2)=\min_{x,\in G_1,x_i\in G_2}\left\{d_{ij}\right\}$$

其中，$d_{ij}=1-\left|r_{ij}\right|$ 或 $d_{ij}=\sqrt{1-r_{ij}^2}$ ，即指标类间的距离 $R\left(G_1,G_2\right)$ 与两指标类中的最大相似系数有关。

（三）R 型聚类法的基本步骤

R 型聚类法与 Q 型聚类法的基本步骤相同。

第一步，计算指标间的相关系数 r_{ij}，构造指标相关矩阵 $\boldsymbol{R}=\left[r_{ij}\right]_{m\times m}$ 。

第二步，将每一个指标作为一个类，形成 m 个类，这时的平台高度为 1。

第三步，合并相似性最大的类，并且以这个最大的相似性作为新的平台高度。

第四步，重复第三步，直至合并为 1 个类为止，这时的平台高度达到最小。

第五步，画出指标聚类图或指标聚类表。

第六步，决定指标类的个数和具体的指标类。

（四）应用

问题 2：服装标准的制订（计算部分可作为上机实验内容）

在服装标准的制订中，对某地区成年女子的各部位尺寸进行了统计。通过汇总 14 个部位（指标）的测量资料，获得了各指标间的相关系数表，如表 3–8 所示。

表 3-8　成年女子各部位（指标）的相关系数

r_{ij}	x_1	x_2	x_3	x_4	x_5	x_6	x_7	x_8	x_9	x_{10}	x_{11}	x_{12}	x_{13}	x_{14}
x_1	1													
x_2	0.366	1												
x_3	0.242	0.233	1											
x_4	0.280	0.194	0.59	1										
x_5	0.360	0.324	0.476	0.435	1									
x_6	0.282	0.262	0.483	0.470	0.452	1								
x_7	0.245	0.265	0.54	0.478	0.535	0.663	1							
x_8	0.448	0.345	0.452	0.404	0.431	0.322	0.266	1						
x_9	0.486	0.367	0.365	0.357	0.429	0.283	0.287	0.820	1					
x_{10}	0.648	0.662	0.216	0.032	0.429	0.283	0.263	0.527	0.547	1				
x_{11}	0.689	0.671	0.243	0.313	0.430	0.302	0.294	0.520	0.558	0.957	1			
x_{12}	0.486	0.636	0.174	0.243	0.375	0.296	0.255	0.403	0.417	0.857	0.852	1		
x_{13}	0.133	0.153	0.732	0.477	0.339	0.392	0.446	0.266	0.241	0.054	0.099	0.055	1	
x_{14}	0.376	0.252	0.676	0.581	0.441	0.447	0.44	0.424	0.372	0.363	0.376	0.321	0.627	1

其中，x_1 表示上身长，x_2 表示手臂长，x_3 表示胸围，x_4 表示颈围，x_5 表示肩围，x_6 表示胸宽，x_7 表示后背宽，x_8 表示前腰节高，x_9 表示后腰节高，x_{10} 表示身长，x_{11} 表示身高（包括头），x_{12} 表示下身长，x_{13} 表示腰围，x_{14} 表示臀围，试利用 R 型聚类分析法将这 14 个指标分成 2 类。

问题求解：选用最小距离法定义指标类间的相似性。

第一步，将每个指标作为一个类，形成 14 个类，这时的平台高度为 1，即

$$H_1=\{\{x_1\},\cdots,\{x_{14}\}\},f(H_1)=1.$$

第二步，合并相似性最大的类，并且以这个最大的相似性作为新的平台高度，即

$$H_2=\{\{x_1\},\cdots,\{x_9\},\{x_{10},x_{11}\},\{x_{12}\},\{x_{13}\},\{x_{14}\}\},f(H_2)=0.957.$$

第三步，重复第二步，直至合并为 1 个类为止，这时的平台高度达到最小，于是有指标聚类表：

$$H_3=\{\{x_1\},\cdots,\{x_9\},\{x_{10},x_{11},x_{12}\},\{x_{13}\},\{x_{14}\}\},f(H_3)=0.857,$$

$$H_4=\{\{x_1\},\cdots,\{x_7\},\{x_8,x_9\},\{x_{10},x_{11},x_{12}\},\{x_{13}\},\{x_{14}\}\},f(H_4)=0.82,$$

$$H_5=\{\{x_1\},\{x_2\},\{x_3,x_{13}\},\{x_4\},\cdots,\{x_7\},\{x_8,x_9\},\{x_{10},x_{11},x_{12}\},\{x_{14}\}\},f(H_5)=0.732,$$

$$H_6=\{\{x_2\},\{x_3,x_{13}\},\{x_4\},\cdots,\{x_7\},\{x_8,x_9\},\{x_1,x_{10},x_{11},x_{12}\},\{x_{14}\}\},f(H_6)=0.689,$$

$$H_7=\{\{x_2\},\{x_3,x_{13},x_{14}\},\{x_4\},\cdots,\{x_7\},\{x_8,x_9\},\{x_1,x_{10},x_{11},x_{12}\}\},f(H_7)=0.676,$$

$$H_8=\{\{x_3,x_{13},x_{14}\},\{x_4\},\cdots,\{x_7\},\{x_8,x_9\},\{x_1,x_2,x_{10},x_{11},x_{12}\}\},f(H_8)=0.671,$$

$$H_9=\{\{x_3,x_{13},x_{14}\},\{x_4\},\{x_5\},\{x_6,x_7\},\{x_8,x_9\},\{x_1,x_2,x_{10},x_{11},x_{12}\}\},f(H_9)=0.663,$$

$$H_{10}=\{\{x_3,x_{13},x_{14},x_4\},\{x_5\},\{x_6,x_7\},\{x_8,x_9\},\{x_1,x_2,x_{10},x_{11},x_{12}\}\},f(H_{10})=0.59,$$

$$H_{11}=\{\{x_3,x_{13},x_{14},x_4\},\{x_5\},\{x_6,x_7\},\{x_1,x_8,x_9,x_1,x_2,x_{10},x_{11},x_{12}\}\},f(H_{11})=0.558,$$

$$H_{12}=\{\{x_3,x_{13},x_{14},x_4,x_6,x_7\},\{x_5\},\{x_1,x_8,x_9,x_2,x_{10},x_{11},x_{12}\}\},f(H_{12})=0.54,$$

$$H_{13}=\{\{x_3,x_{13},x_{14},x_4,x_6,x_7,x_5\},\{x_1,x_8,x_9,x_2,x_{10},x_{11},x_{12}\}\},f(H_{13})=0.535,$$

$$H_{14}=\{x_3,x_{13},x_{14},x_4,x_5,x_6,x_7,x_1,x_8,x_9,x_2,x_{10},x_{11},x_{12}\},f(H_{14})=0.452.$$

第四步，确定指标类的个数和具体的指标类。

根据问题要求，需将 14 个指标分成两类，根据指标聚类表可得：$H*=\{\{x_3,x_{13},x_{14},x_4,x_6,x_7,x_5\},\{x_1,x_8,x_9,x_2,x_{10},x_{11},x_{12}\}\}$，即人体指标大体可分为两类一类是反映：人高矮的指标，如上身长、手臂长、前腰节高、后腰节高、全身长、身高、下身长；另一类是反映人胖瘦的指标，如胸围、腰围、臀围、颈围、肩围、胸宽、后背宽。

第七节　灰色关联分析法

客观世界中的很多实际问题，其内部结构、参数及特征并不一定完全被人们了解，但在通常情况下，问题的内部结构、参数及特征之间存在着某些关系，或者是相互制约，或者是相互联系，于是称问题为系统。

如果系统具有较充足的信息量，其发展变化规律明显，定量描述较为方便，结构与参数较为具体，则称该系统为白色系统；如果系统的内部结构、参数和特征部分已知，部分未知，则称之为灰色系统；如果系统的内部结构、参数和特征全部未知，则称为黑色系统。

当然，白、灰、黑是相对于一定的认识而言的，因而具有相对性，例如，某人有一天去一位朋友家做客，发现外面的汽车驶过来时，朋友家的狗就躲在屋角瑟瑟发抖，他对此莫名其妙，但朋友对其狗的这种行为是可以理解的，因为他知道，狗此前不久被车撞过，因此，“狗对车的惧怕行为”对客人来说是黑色问题，对主人则是一个白色问题或灰色问题，作为实际问题，灰色系统在大千世界中大量存在，而绝对的白色系统和黑色系统是很少见的。

对系统中的相关因素进行分析是指分析各相关因素对系统来说哪些是主要的，哪些是次要的，哪些是直接的，哪些是间接的等，常用的方法大多是数理统计方法，如回归分析法、方差分析法、主成分分析法等。回归分析法是应用最广泛的一种方法，但回归分析法有很多缺陷，如要求数据量大、数据间有较好的分布规律及计算量大等。另外，回归分析法不能分析因素间的动态关联程度，即使是静态，其精度也不高，且常常出现反常现象。

灰色系统理论提出了一种新的分析方法——灰色关联分析法，其基本思想是根据因素间发展态势的相似或相异程度来衡量因素间的相关性的，下面分单因子和多因子的情况进行讨论。

一、单因子情况

如果只考虑系统中的一个因素 X_0（称为因子），而该因素受到多个因素 $\{X_i\}_{i=1}^{m}$ 的影响或对多个因素有影响，单因子灰色关联分析法就是利用因素 X_i 对因子 X_0 的灰色关联度来衡量 X_i 对 X_0 的影响力的大小。

称因子 X_0 关于时间的序列

$$X_0=\{X_0(k):k=1,\cdots,n\}=\{X_0(1),\cdots,X_0(n)\}$$

为参考数列，其中 k 表示时刻，称因素 $X_i(i=1,\cdots m)$ 关于时间的序列 $X_i=\{X_i(k):k=1,\cdots n\}=\{X_i(1),\cdots X_i(n)\}$ 为比较数列。

一般来讲，实际问题中的不同数列（包括比较数列和参考数列）往往具有不同的量纲，而我们在后面计算灰（色）关联度时，要求量纲必须相同，因此，首先需对各种数据进行无量纲化处理，给定数列 $X=(x(1),\cdots,x(n))$，称

$$\overline{X}=\left(1,\frac{x(2)}{x(1)},\cdots,\frac{x(n)}{x(1)}\right)$$

为原始数列 X 的初始化数列，显然，初始化数列没有量纲。

设 $\overline{X}_0$ 和 $\overline{X}_i,i=1,\cdots,m$ 分别是参考数列和比较数列的初始化数列，记

$$\varDelta_i(k)=\left|\overline{X}_i(k)-\overline{X}_0(k)\right|,i=1,\cdots,m,k=1,\cdots,n.$$

称

$$r_i(k)=\frac{\min\limits_i\min\limits_k \Delta_i(k)+\rho\max\limits_i\max\limits_k \Delta_i(k)}{\Delta_i(k)+\rho\max\max\limits_k \Delta_i(k)}$$

为比较数列 X_i 对参考数列 X_0 在时刻 k 的灰色关联系数，其中称 $\rho\in[0,1]$ 为分辨率，一般取 ρ =0.5，显然，$0\leqslant r_i(k)\leqslant 1$。

称灰色关联系数关于时间的平均值 $r_i=\frac{1}{n}\sum\limits_{k=1}^{n} r_i(k)$ 为比较数列 X_i 对参考数列 X_0 的灰色关联度，根据灰色关联度的大小，可判断比较数列对参考数列的影响大小，灰色关联度越大，影响越大。

二、多因子情况

考虑系统中的 $l(l\geqslant 2)$ 个因素 $X_1,\cdots,X_l$（称为因子），这 l 个因素受 $m(m\geqslant 2)$ 个因素 $Y_1,\cdots,Y_m$ 的影响或影响这 m 个因素，称因子 $X_j(j=1,\cdots,l)$ 关于时间的序列

$$X_j=\left\{X_j(k):k=1,\cdots n\right\}=\left\{X_j(1),\cdots X_j(n)\right\}$$

为第 j 个参考数列，称因素 $Y_i(i=1,\cdots,m)$ 关于时间的序列

$$Y_i=\left\{Y_i(k):k=1,\cdots n\right\}=\left\{Y_i(1),\cdots Y_i(n)\right\}$$

为第 i 个比较数列，设 $\overline{X_j}(j=1,\cdots,n)$ 和 $\overline{Y_i}(i=1,\cdots,m)$ 分别是参考数列和比较数列的初始化数列，则有

$$\Delta_{ij}(k)=\left|\overline{Y}_i(k)-\overline{X}_i(k)\right|,i=1,\cdots,m,j=1,\cdots,l,k=1,\cdots,n,$$

称

$$r_{ij}(k)=\frac{\min\limits_i\min\limits_j\min\limits_k \Delta_{ij}(k)+\rho\max\limits_i\max\limits_j\max\limits_k \Delta_{ij}(k)}{\Delta_{ij}(k)+\rho\max\limits_i\max\limits_j\max\limits_k \Delta_{ij}(k)}$$

为比较数列 Y_i 对参考数列 X_j，在时刻 h 的灰色关联系数，其中称 $\rho\in[0,1]$ 为分辨率，一般取 ρ =0.5，显然，$0\leqslant r_{ij}(k)\leqslant 1$。

称灰色关联系数关于时间的平均值 $r_{ij}=\frac{1}{n}\sum\limits_{k=1}^{n} r_{ij}(k)$ 为比较数列 Y_i，对参考数列 X_j 的灰色关联度，称矩阵

$$\boldsymbol{R}=\left[r_{ij}\right]=Y_1\begin{bmatrix} r_{11} & \cdots & r_{1l} \\ \vdots & \ddots & \vdots \\ r_{m1} & \cdots & r_{ml} \end{bmatrix}$$

为灰色关联矩阵，根据 $\boldsymbol{R}$ 中各元素的大小，就可判断出哪些比较因素是主要因素，哪些是次要因素。

三、应用

问题 1：某地区考虑 5 个方面 $X_1,\cdots,X_5$（因子）的投资情况，X_1 是固定资产投资，X_2 是工业投资，X_3 是农业投资，X_4 是科技投资，X_5 是交通投资，它们对该地区 6 个方面 $Y_1,\cdots,Y_6$（因素）的收入有影响，Y_1 表示国民收入，Y_2 表示工业收入，Y_3 表示农业收入，Y_4 表示商业收入，Y_5 表示交通收入，Y_6 表示建筑业收入，具体影响见表 3–9 试分析因子对因素的主要影响。

表 3–9　因子和因素数据

因子和因素	1979	1980	1981	1982	1983
X_1	308.58	310	295	346	367
X_2	195.4	189.9	187.2	205	222.7
X_3	24.6	21	12.2	15.1	14.57
X_4	20	25.6	24.3	29.2	30
X_5	18.98	19	22.3	24.5	27.655
Y_1	170	174	197	216.4	235.8
Y_2	57.55	70.74	76.8	80.7	89.85
Y_3	88.56	70	85.38	99.83	104.4
Y_4	11.19	14.28	16.82	18.9	22.8
Y_5	4.03	4.26	4.34	5.06	5.78
Y_6	14.7	15.6	14.77	11.98	14.95

问题求解：利用表 3–9 中的数据及前面介绍的灰色关联度的计算公式，利用 MATLAB 软件可求出灰色关联矩阵：

$$\boldsymbol{R}=\begin{pmatrix} Y_1 \\ Y_2 \\ Y_3 \\ Y_4 \\ Y_5 \\ \end{pmatrix}(\mathrm{X}_1,\mathrm{X}_2,\mathrm{X}_3,\mathrm{X}_4,\mathrm{X}_5)\begin{pmatrix} 0.743 & 0.766 & 0.562 & 0.607 & 0.632 \\ 0.811 & 0.774 & 0.565 & 0.804 & \underline{0.921} \\ 0.678 & 0.663 & 0.568 & 0.780 & 0.731 \\ 0.891 & 0.858 & 0.579 & 0.577 & 0.675 \\ 0.689 & 0.666 & 0.529 & \underline{0.885} & 0.800 \\ 0.802 & 0.761 & 0.557 & 0.810 & \underline{0.936} \end{pmatrix}.$$

从灰色关联矩阵$\boldsymbol{R}$中可以看出：

（1）第三列的数据普遍较小，表示农业投资对六种收入的影响均不大，这说明六种收入的增加不能指望通过对农业进行投资来实现。

（2）第一、二、四、五列的数据普遍较大，表明固定资产投资、工业投资、科技投资、交通投资对六个方面的收入都影响较大，这说明工业、科技、交通都是综合性行业。

（3）$r_{65}=0.936$最大，表明交通投资对建筑业的收入影响最大，这很显然，因为任何一种交通投资都伴有建筑工程。

（4）$r_{25}=0.921$次大，表明交通投资对工业收入的影响仅次于对建筑业收入的影响，这也是很自然的，因为交通便利，运输就便利；运输便利，工业产品的销售速度就快。

（5）在第四列中，$r_{54}=0.885$最大，表明科技投资主要是针对交通行业的。

（6）从各种收入来看，工业收入主要来源于固定资产投资、科技投资和交通投资，商业收入主要来源于固定资产投资和工业投资，交通收入主要来源于科技投资和交通投资，建筑业收入主要来源于固定资产投资、科技投资和交通投资。

第八节　两类判断分析法

在实际生活中，存在大量需要我们准确分类的问题，如一个医生要对病人的病情进行分析，以判断该病人患有哪种类型的疾病，应该用何种手段治疗，如非典型肺炎和典型肺炎的治疗方法就不同；经营管理人员要对产品进行分类，判断它们的销售情况是“畅销”还是“滞销”等。总之，有一些实际问题，往往需要对它们进行较客观、准确、科学的分类，分类的方法有很多，如聚类分类法、判断分析法、支持向量机等，本节主要介绍判断分析法，它是经常被用到的一种统计分析方法。

设有样本总体$Z=\left\{x:x\in\boldsymbol{R}^m\right\}$，其中包含若干个子类$P_1,\cdots,P_n$，每个子类在总体中所占的比例分别为$p_1,\cdots,p_n$且$\sum p_i=1$，假设每个子类本身具有概率分布或概率密度$\zeta_i(x),i=1,\cdots,n$，在总体$Z$中随机取出一个样本$x$，要判断它来自哪一个子类，这样的问题在统计分析上称为判断问题。

判断样本x属于哪一个子类，不能凭空臆断，需要一个客观的科学准则，这个准则被称为判别法则，确定判别法则的过程叫作判别分析，若总体Z中有两个子类，则称两类判别分析；若总体 Z 中有多个（≥ 3）子类，则称多类判别分析。

本节只介绍 Fisher 判别准则，且重点放在两类判别分析上。

一、两类判别分析法的基本思想

用一个市场预测的例子来说明两类判别分析的基本思想。

问题 1：预测某产品在一个时期内是“畅销”还是“滞销”，根据以往该产品的销售情况可知，该产品的销售好坏不仅与产品价格有关，而且与市民收入也有关，因此，用产品价格和市民收入这两个指标来预测该产品的销售好坏。

问题分析：设 x_1 表示产品价格，x_2 表示市民收入，假定调查了几个（假设为 n 个）时期的产品价格、市民收入及产品的销售情况，得到了 n 组数据，从而得到了该产品是“畅销”还是“滞销”两种情况，设 r 组数据为“畅销”情况，l 组数据为“滞销”情况，且 $r+l=n$，于是 n 组数据可分别表示为

畅销类（A 类）：$\left\{\left(x_{11}^{0}, x_{12}^{0}\right), \cdots,\left(x_{11}^{0}, x_{t2}^{0}\right)\right\}$，滞销类（B 类）：$\left\{\left(x_{11}^{\prime}, x_{12}^{\prime}\right), \cdots,\left(x_{11}^{1}, x_{12}^{1}\right)\right\}$。

利用散点图，我们可以从直观上作出某种判断。在预测或分类时，着重关注的问题是如何寻找分界线 L，一般情况下，分界线 L 是一条曲线，这种情况下利用支持向量机方法进行分类更为方便。但本节只考虑 L 是直线的情况，并设其对应的方程为 $c_0+c_1x_1+c_2x_2=0$。

若某个时期的数据（x_1,x_2）满足 $c_0+c_1x_1+c_2x_2>0$，即 $c_1x_1+c_2x_2>-c_0$，也就是说，（x_1,x_2）在分界线 L 的上方，则预测产品在这个时期是畅销的；若（x_1,x_2）满足 $c_0+c_1x_1+c_2x_2<0$，即 $c_1x_1+c_2x_2<-c_0$，则预测产品在这个时期是滞销，这种预测方法就是判别分析法。

在利用判别分析法进行预测或分类时，前提是两类数据之间有一条较为明显的线性分界线 $c_1x_1+c_2x_2=-c_0$，称该线性分界线对应的函数 $y=c_1x_1+c_2x_2$ 为线性判别函数，称 c_1,c_2 为判别系数，称 $y_0=-c_0$ 为临界值，所谓判别分析，就是根据某种判别准则，确定判别系数 c_1,c_2 和临界值 y_0。

二、Fisher 判别准则和判别函数

假设预测或分类问题有 p 个指标 $\left\{X_1,\cdots,X_p\right\}$，有 n 组观察或调查得到的样本数据

$\left\{x_i=\left(x_{i1},\cdots,x_{ip}\right)\right\}_{i=1}^{n}$，且这些数据可分为两类:A 类和 B 类（如 A 为畅销类,B 为滞销类），不妨设 A 类含有 s 个样本，B 类含有 t 个样本且 $n=s+t$，记

$$\boldsymbol{W}^4=\left[\boldsymbol{w}_1^0,\cdots,\boldsymbol{w}_p^0\right]=\begin{bmatrix}\boldsymbol{x}_1^0\\ \vdots\\ \boldsymbol{x}_s^0\end{bmatrix}=\begin{pmatrix}x_{11}^0 & \cdots & x_{1p}^0\\ \vdots & \ddots & \vdots\\ x_{s1}^0 & \cdots & x_{sp}^0\end{pmatrix}_{s\times p},$$

$$\boldsymbol{W}^B=\left[\boldsymbol{w}_1^1,\cdots,\boldsymbol{w}_p^1\right]=\begin{bmatrix}\boldsymbol{x}_1^1\\ \vdots\\ \boldsymbol{x}_t^1\end{bmatrix}=\begin{pmatrix}x_{11}^1 & \cdots & x_{1p}^1\\ \vdots & \ddots & \vdots\\ x_{t1}^1 & \cdots & x_{tp}^1\end{pmatrix}_{t\times p},$$

其中，$\boldsymbol{w}_1^0,\cdots,\boldsymbol{w}_p^0\in\boldsymbol{R}^s,\boldsymbol{w}_1^1,\cdots,\boldsymbol{w}_p^1\in\boldsymbol{R}^t$ 分别是 $\boldsymbol{W}^A$ 和 $\boldsymbol{W}^B$ 的列向量，$\boldsymbol{x}_1^0,\cdots,\boldsymbol{x}_s^0\in\boldsymbol{R}^p$，$x_1^1,\cdots,x_t^1\in\boldsymbol{R}^p$ 分别是 $\boldsymbol{W}^A$ 和 $\boldsymbol{W}^B$ 的行向量，用 $\overline{\boldsymbol{w}_j^0},\overline{\boldsymbol{w}_j^1}\in\boldsymbol{R}(j=1,\cdots,p)$ 分别表示列向量 w_j^0 和 w_j^1 的均值，即 $\boldsymbol{W}^A$ 和 $\boldsymbol{W}^B$ 的列均值，判别分析法就是根据这些数据，在适当的判别准则下，确定线性判别函数

$$y=c_1x_1+\cdots+c_px_p,$$

其中，$\boldsymbol{c}=\left(c_1,\cdots,c_p\right)^T\in\boldsymbol{R}^p$ 为判别系数向量，并找出临界值 y_0。

设线性判别函数对 A 类数据有判别值:

$$y_i^0=c_1x_{i1}^0+\cdots+c_px_{ip}^0=x_i^0c,i=1,\cdots,s\ ,$$

对 B 类数据有判别值:

$$y_j^1=c_1x_{j1}^1+\cdots+c_px_{jp}^1=x_j^1c,j=1,\cdots,t\,.$$

记

$$y^A=\frac{1}{s}\sum_{i=1}^{\infty}y_i^0=\frac{1}{s}\sum_{i=1}^{\dot{x}}x_i^0c=\left(\frac{1}{s}\sum_{i=1}^{x}x_i^0\right)c=\overline{w_1^0}c_1+\cdots+\overline{w_p^0}c_p\in\boldsymbol{R},$$

$$y^B=\frac{1}{t}\sum_{j=1}^{t}y_j^1=\frac{1}{t}\sum_{j=1}^{1}x_j^1c=\left(\frac{1}{t}\sum_{j=1}^{t}x_j^1\right)c=\overline{w_1^1}c_1+\cdots+\overline{w_p^1}c_p\in\boldsymbol{R}\,.$$

称 y^A 和 y^B 分别为 A 类和 B 类的类判别值，它们是两个实数，为了使 A，B 两类之间有明显的区别，自然希望:

（1）$\left(y^A-y^B\right)^2$ 越大越好，即两类的类判别值之间的距离越大越好，这反映出两类判别值越远离，越容易被判别;

（2）同类样本的判别值与其类判别值的距离越小越好，即

$$\sum_{i=1}^{x}\left(y_i^0-y^A\right)^2+\sum_{j=1}^{1}\left(y_j^1-y^B\right)^2$$

越小越好，这反映出同类样本的判别值越接近，就越容易判别，于是有 Fisher 判别准则：

$$\max_{c_1,\cdots,c_p} L\left(c_1,\cdots,c_p\right)=\frac{\left(y^A-y^B\right)^2}{\sum_{i=1}^{+}\left(y_i^0-y^A\right)^2+\sum_{j=1}^{t}\left(y_j^1-y^B\right)^2}.$$

由于 Fisher 判别准则是无约束最优化问题，为了得到判别系数 $c_1,\cdots,c_p$，可由

$$\frac{\partial L\left(c_1,\cdots,c_p\right)}{\partial c_j}=0, j=1,\cdots,p,$$

得到一个由 p 个未知量 $c_1,\cdots,c_p$，p 个方程组成的线性方程组，求此线性方程组，便可得到判别系数 $c_1,\cdots,c_p$。

三、线性判别函数的检验

如前所述，在利用两类判断分析法时，首先要求两类的样本数据点之间有较为明显的区别，或者说从统计意义上讲，应该有较为明显的区别，否则两类判别分析法就失去了意义，为此，需要对线性判别函数的有效性进行统计检验，具体步骤如下所述。

（1）计算观测值 $F_g=\left(\frac{s\times t}{s+t}\cdot\frac{s+t-p-1}{p}\right)\left|y^A-y^B\right|$；

（2）给定显著性检验水平 α，一般情况下，取 α =0.01 或 α =0.05；

（3）查自由度为 $(p,s+t-p-1)$ 的 F 分布表，得临界值 $F_\alpha(p,s+t-p-1)$；

（4）进行检验：

若 $F_k \geqslant F_\alpha(p,s+t-p-1)$，则判别函数有效，可用来进行判断；

若 $F_g<F_\alpha(p,s+t-p-1)$，则判别函数无效，不能用来进行判断。

四、计算步骤

由于推导线性方程组的过程比较繁琐，我们在这里不做过多讨论，而是直接给出计算步骤：

第一步，分类写出原始数据矩阵 $\boldsymbol{W}^A$ 和 $\boldsymbol{W}^B$。

第二步，算出 $\boldsymbol{W}^A$，$\boldsymbol{W}^B$ 的各列列均值：

$$\overline{w_j^0}=\frac{1}{s}\sum_{i=1}^{s}x_{ij}^0,\overline{w_j^1}=\frac{1}{t}\sum_{i=1}^{1}x_{ij}^1,j=1,\cdots,p\ .$$

第三步，计算离差矩阵$\boldsymbol{S}_A=\boldsymbol{A}^T\boldsymbol{A},\boldsymbol{S}_B=\boldsymbol{B}^T\boldsymbol{B}$和矩阵$\boldsymbol{S}=\boldsymbol{S}_A+\boldsymbol{S}_B$，其中

$$\boldsymbol{A}=\begin{pmatrix}x_{11}^0-\overline{w_1^0} & \cdots & x_{1p}^0-\overline{w_p^0}\\ \vdots & \ddots & \vdots\\ x_{s1}^0-\overline{w_1^0} & \cdots & x_{sp}^0-\overline{w_p^0}\end{pmatrix},\boldsymbol{B}=\begin{pmatrix}x_{11}^1-\overline{w_1^1} & \cdots & x_{1p}^1-\overline{w_p^1}\\ \vdots & \ddots & \vdots\\ x_{t1}^1-\overline{w_1^1} & \cdots & x_{tp}^1-\overline{w_p^1}\end{pmatrix}.$$

第四步，解线性方程组$\boldsymbol{S}\begin{pmatrix}c_1\\ \vdots\\ c_p\end{pmatrix}=\begin{pmatrix}\overline{w_1^0}-\overline{w_1^1}\\ \vdots\\ \overline{w_p^0}-\overline{w_p^1}\end{pmatrix}$，得$\boldsymbol{c}^*=\begin{pmatrix}c_1^*\\ \vdots\\ c_p^*\end{pmatrix}=\boldsymbol{S}^{-1}\begin{pmatrix}\overline{x_1^0}-\overline{x_1^1}\\ \vdots\\ \overline{x_p^0}-\overline{x_p^1}\end{pmatrix}$。

第五步，构造线性判别函数$y=c_1^*x_1+\cdots+c_px_p^*$。

第六步，对线性判别函数的有效性进行检验，若有效，进入下一步；否则，改用其他分类方法。

第七步，计算 A，B 两类的类判别值和临界值y_0：

$$y^A=c_1^*\overline{w_1^0}+\cdots+c_p^*\overline{w_p^0},y^B=c_1^*\overline{w_1^1}+\cdots+c_p^*\overline{w_p^1},y_0=\frac{sy^A+ty^B}{s+t}\ .$$

第八步，判断分类。

任给一个待判别的样本$\bar{\boldsymbol{x}}=\left(\overline{x}_1,\cdots,\overline{x}_p\right)$，它的判别值为$\overline{y}=c_1^*\tilde{x}_1+\cdots+c_p^*\tilde{x}_p$。下分四种情况进行判断：

（1）若临界值$y_0<y^A$且$\tilde{y}\geqslant y_0$，则判断样本$\tilde{\boldsymbol{x}}=\left(\tilde{x}_1,\cdots,\tilde{x}_p\right)$属于 A 类，这是因为：$y_0<y^A$表明 A 类在线性分界线$L$的上方，而当$y\geqslant y_0$时，表明样本$\overline{x}$也在分界线$L$的上方，因此判断其属于 A 类，同理可得下述 2、3、4。

（2）若临界值$y_0<y^A$且$\tilde{y}<y_0$，则判断样本$\tilde{x}=\left(\tilde{x}_1,\cdots,\tilde{x}_p\right)$属于 B 类；

（3）若临界值$y_0<y^B$且$\tilde{y}\geqslant y_0$，则判断样本$\tilde{x}=\left(\tilde{x}_1,\cdots,\tilde{x}_p\right)$属于 B 类；

（4）若临界值$y_0<y^B$且$\tilde{y}<y_0$，则判断样本$\tilde{x}=\left(\tilde{x}_1,\cdots,\tilde{x}_p\right)$属于 A 类。

第四章

非线性规划方法与应用

第一节　非线性规划方法

在现实中许多较复杂的问题都可归结为一个非线性规划问题，即如果目标函数和约束条件中包含有非线性函数，则这样的规划问题称为非线性规划问题，解决这类问题要用非线性的方法。但一般来说，解决非线性的问题要比解决线性问题困难得多，不像线性规划有适用于一般情况的单纯形法，我们知道线性规划的可行域一般是一个凸集，如果线性规划存在最优解，则其最优解一定在可行域的边界上达到（特别是在可行域的顶点上达到），而对于非线性规划，如果存在最优解，则可以在其可行域的任何点达到。因此，对于非线性规划问题到目前为止还没有一种适用于一般情况的求解方法，现有的各种方法都有各自特定的适用范围，为此，这也是一个正处在发展中的研究学科领域。

一、非线性规划的基本概念

非线性规划的问题是复杂多样的，相应的数学模型也是多样化的，只要模型中的目标函数或约束条件中包含一个非线性函数，它就是非线性规划问题。正是由于非线性规划模型的多样性和问题的复杂性，才使得相应求解方法也具有多样性和非有效性的特点。下面先介绍非线性规划问题数学模型的一般形式。

（一）非线性规划问题的数学模型

非线性规划问题的一般模型为

$$\begin{cases}\min f\left(x_1,x_2,\cdots,x_n\right)\\ h_i\left(x_1,x_2,\cdots,x_n\right)=0,i=1,2,\cdots,m\\ g_j\left(x_1,x_2,\cdots,x_n\right)\geqslant 0,j=1,2,\cdots,l\end{cases}. \tag{4-1}$$

若记 $\boldsymbol{X}=\left(x_1,x_2,\cdots,x_n\right)^T\in\boldsymbol{R}\subset\boldsymbol{E}^n$ 是 n 维欧氏空间中的向量（点），则其模型为

$$\begin{cases}\min f(\boldsymbol{X})\\ h_i(\boldsymbol{X})=0,i=1,2,\cdots,m\\ g_j(\boldsymbol{X})\geqslant 0,\ j=1,2,\cdots,l\end{cases}. \tag{4-2}$$

说明：

（1）若目标函数为最大化问题，由 $\max f(\boldsymbol{X})=-\min[-f(\boldsymbol{X})]$，令 $F(\boldsymbol{X})=-f(\boldsymbol{X})$，则 $\min F(\boldsymbol{X})=-\max f(\boldsymbol{X})$；

（2）若约束条件为 $g_j(\boldsymbol{X})\leqslant 0$，则 $-g_j(\boldsymbol{X})\geqslant 0$；

（3）$h_i(\boldsymbol{X})=0\Leftrightarrow h_i(\boldsymbol{X})\geqslant 0$ 且 $-h_i(\boldsymbol{X})\geqslant 0$。

于是，可将非线性规划问题的一般模型写成如下形式：

$$\begin{cases}\min f(\boldsymbol{X})\\ g_j(\boldsymbol{X})\geqslant 0,\ j=1,2,\cdots,m\end{cases}. \tag{4-3}$$

（二）几种特殊情况

1. 无约束条件的非线性规划

当问题无约束条件时，则此问题称为无约束的非线性规划问题，即为求多元函数的极值问题，它的一般模型为

$$\begin{cases}\min_{x\in R} f(\boldsymbol{X})\\ X\geqslant 0\end{cases}. \tag{4-4}$$

2. 二次规划

如果目标函数是 X 的二次函数，且约束条件都是线性的，则称此规划为二次规划，二次规划的一般模型为

$$\begin{cases}\min f(\boldsymbol{X})=\sum_{j=1}^{n}c_jx_j+\sum_{j=1}^{n}\sum_{k=1}^{n}c_{jk}x_jx_k\\ \sum_{j=1}^{n}a_{ij}x_j+b_i\geqslant 0,i=1,2,\cdots,m\\ x_j\geqslant 0,c_{jk}=c_{kj},j,k=1,2,\cdots,n\end{cases}. \tag{4-5}$$

3. 凸规划

当模型（4-3）中的目标函数 $f(\boldsymbol{X})$ 为凸函数，$g_j(\boldsymbol{X})(j=1,2,\cdots,m)$ 均为凹函数［$-g_j(\boldsymbol{X})$ 为凸函数］时，就称这样的非线性规划称为凸规划。

二、无约束非线性规划的解法

（一）一般迭代法

迭代法是求解非线性规划问题的一种最常用的数值方法，其基本思想是：对于问题（4–4）而言，给出 $f(\boldsymbol{X})$ 的极小点的初始值 $X^{(0)}$，按某种规律计算出一系列的 $\boldsymbol{X}^{(k)}$ $(k=1,2,\cdots)$，希望点列 $\left\{\boldsymbol{X}^{(k)}\right\}$ 的极限 X^* 就是 $f(\boldsymbol{X})$ 的一个极小点。

现在的问题是：如何来产生这个点列？即如何由一个解向量 $\boldsymbol{X}^{(k)}$ 求出另一个新的解向量 $\boldsymbol{X}^{(k+1)}$？

实际上：向量总是由方向和长度确定的，即向量 $\boldsymbol{X}^{(k+1)}$ 总可以写成

$$\boldsymbol{X}^{(k+1)}=\boldsymbol{X}^{(k)}+\lambda_k\boldsymbol{P}^{(k)}\quad(k=1,2,\cdots).$$

其中，$\boldsymbol{P}^{(k)}$ 为一个向量，λ_k 为一个实数，称为步长，即 $\boldsymbol{X}^{(k+1)}$ 可由 λ_k 及 $\boldsymbol{P}^{(k)}$ 唯一确定。

在实际中，各种迭代法的区别就在于寻求 λ_k 和 $\boldsymbol{P}^{(k)}$ 的方式不同，特别是方向向量 $\boldsymbol{P}^{(k)}$ 的确定是问题的关键，称为搜索方向，选择 λ_k 和 $\boldsymbol{P}^{(k)}$ 的一般原则是使目标函数在这些点列上的值逐步减小，即

$$f\left(\boldsymbol{X}^{(0)}\right)\geqslant f\left(\boldsymbol{X}^{(1)}\right)\geqslant\cdots\geqslant f\left(\boldsymbol{X}^{(k)}\right)\geqslant\cdots.$$

为此，这种算法称为下降算法，最后要检验 $\left\{\boldsymbol{X}^{(k)}\right\}$ 是否收敛于最优解，即对于给定的精度 $\varepsilon>0$，是否有 $\left\|\nabla f\left(\boldsymbol{X}^{(k+1)}\right)\right\|\leqslant\varepsilon$，来决定迭代过程是否结束。

（二）一维搜索法

沿着一系列的射线方向 $\boldsymbol{P}^{(k)}$ 寻求极小化点列的方法称为一维搜索法，这是一类方法。

对于确定的方向 $\boldsymbol{P}^{(k)}$，在射线 $\boldsymbol{X}^{(k)}+\lambda\boldsymbol{P}^{(k)}$ $(\lambda\geqslant0)$ 上选取步长 λ_k，使 $f\left(\boldsymbol{X}^{(k)}+\lambda_k\boldsymbol{P}^{(k)}\right)<f\left(\boldsymbol{X}^{(k)}\right)$，则可以确定一个新的点 $\boldsymbol{X}^{(k+1)}=\boldsymbol{X}^{(k)}+\lambda_k\boldsymbol{P}^{(k)}$，即为沿射线 $\boldsymbol{X}^{(k)}+\lambda\boldsymbol{P}^{(k)}$ 求函数 $f(\boldsymbol{X})$ 的最小值的问题，即等价于求一元函数 $f(\lambda)=f\left(\boldsymbol{X}^{(k)}+\lambda\boldsymbol{P}^{(k)}\right)$ 在点集 $L=\left\{\boldsymbol{X}\mid \boldsymbol{X}=\boldsymbol{X}^{(k)}+\lambda\boldsymbol{P}^{(k)},-\infty<\lambda<\infty\right\}$ 上的极小点 λ_k。

一维搜索法是对某一个确定方向 $\boldsymbol{P}^{(k)}$ 来进行的，现在的问题是如何选择搜索方向 $\boldsymbol{P}^{(k)}$ 呢？

（三）梯度法（最速下降法）

选择一个使函数值下降速度最快的方向，考虑到 $f(\boldsymbol{X})$ 在点 $\boldsymbol{X}^{(k)}$ 处沿着方向$\boldsymbol{P}$的方向导数为 $f_P\left(\boldsymbol{X}^{(k)}\right)=\nabla f\left(\boldsymbol{X}^{(k)}\right)^{\mathrm{T}}\cdot P$，其意义是指 $f(\boldsymbol{X})$ 在点 $\boldsymbol{X}^{(k)}$ 处沿方向$\boldsymbol{P}$的变化率。当 $f(\boldsymbol{X})$ 连续可微，且方向导数为负时，说明函数值沿该方向下降，方向导数越小，下降的速度就越快，因此，可以把 $f(\boldsymbol{X})$ 在点$\boldsymbol{X}^{(k)}$的导数最小的方向（梯度的负方向）作为搜索方向，即令 $\boldsymbol{P}^{(k)}=-\nabla f\left(\boldsymbol{X}^{(k)}\right)$，这就是梯度法，或最速下降法。

梯度法的计算步骤：

（1）选定初始点 $\boldsymbol{X}^{(0)}$ 和给定精度要求 $\varepsilon>0$, 令$k=0$；

（2）若$\left\|\nabla f\left(\boldsymbol{X}^{(k)}\right)\right\|<\varepsilon$，则停止计算，$\boldsymbol{X}^{*}=\boldsymbol{X}^{(k)}$，否则令 $\boldsymbol{P}^{(k)}=-\nabla f\left(\boldsymbol{X}^{(k)}\right)$；

（3）在 $\boldsymbol{X}^{(k)}$ 处沿方向 $\boldsymbol{P}^{(k)}$ 作一维搜索得 $\boldsymbol{X}^{(k+1)}=\boldsymbol{X}^{(k)}+\lambda_k\boldsymbol{P}^{(k)}$，令 $k=k+1$，返回第二步，直到求得最优解为止，实际上，可以求得

$$\lambda_k=\frac{\nabla f\left(\boldsymbol{X}^{(k)}\right)^{\mathrm{T}}\cdot\nabla f\left(\boldsymbol{X}^{(k)}\right)}{\nabla f\left(\boldsymbol{X}^{(k)}\right)^{\mathrm{T}}\cdot\boldsymbol{H}\left(\boldsymbol{X}^{(k)}\right)\cdot\nabla f\left(\boldsymbol{X}^{(k)}\right)}.$$

其中，$\nabla f\left(\boldsymbol{X}^{(k)}\right)$是函数 $f(\boldsymbol{X})$ 在点 $\boldsymbol{X}^{(k)}$ 的梯度，即

$$\nabla f\left(\boldsymbol{X}^{(k)}\right)=\left(\frac{\partial f\left(\boldsymbol{X}^{(k)}\right)}{\partial x_1},\frac{\partial f\left(\boldsymbol{X}^{(k)}\right)}{\partial x_2},\cdots,\frac{\partial f\left(\boldsymbol{X}^{(k)}\right)}{\partial x_n}\right)^{\mathrm{T}},$$

$\boldsymbol{H}\left(\boldsymbol{X}^{(k)}\right)$为函数 $f(\boldsymbol{X})$ 在点 $\boldsymbol{X}^{(k)}$ 的黑塞（Hessian）矩阵，即

$$\boldsymbol{H}\left(\boldsymbol{X}^{(k)}\right)=\begin{bmatrix}\frac{\partial^2 f\left(\boldsymbol{X}^{(k)}\right)}{\partial x_1^2} & \frac{\partial^2 f\left(\boldsymbol{X}^{(k)}\right)}{\partial x_1\partial x_2} & \cdots & \frac{\partial^2 f\left(\boldsymbol{X}^{(k)}\right)}{\partial x_1\partial x_n}\\ \frac{\partial^2 f\left(\boldsymbol{X}^{(k)}\right)}{\partial x_2\partial x_1} & \frac{\partial^2 f\left(\boldsymbol{X}^{(k)}\right)}{\partial x_2^2} & \cdots & \frac{\partial^2 f\left(\boldsymbol{X}^{(k)}\right)}{\partial x_2\partial x_n}\\ \vdots & \vdots & & \vdots\\ \frac{\partial^2 f\left(\boldsymbol{X}^{(k)}\right)}{\partial x_n\partial x_1} & \frac{\partial^2 f\left(\boldsymbol{X}^{(k)}\right)}{\partial x_n\partial x_2} & \cdots & \frac{\partial^2 f\left(\boldsymbol{X}^{(k)}\right)}{\partial x_n^2}\end{bmatrix}.$$

（四）共轭梯度法

共轭梯度法仅适用于正定二次函数的极小值问题：

$$\min f(\boldsymbol{X})=\frac{1}{2}\boldsymbol{X}^{\mathrm{T}}\boldsymbol{A}\boldsymbol{X}+\boldsymbol{B}^{\mathrm{T}}\boldsymbol{X}+c,$$

其中，$\boldsymbol{A}$ 为 $n\times n$ 实对称正定阵，$\boldsymbol{X},\boldsymbol{B}\in\boldsymbol{E}^n, c$ 为常数。

定义 4-1　设 $\boldsymbol{A}$ 为 $n\times n$ 实对称正定阵，若对 n 维向量 P_1 和 $\boldsymbol{P}_2$ 满足 $\boldsymbol{P}_1^{\mathrm{T}}\boldsymbol{A}\boldsymbol{P}_2=0$，则称向量 $\boldsymbol{P}_1$ 和 $\boldsymbol{P}_2$ 关于 $\boldsymbol{A}$ 共轭（正交）。

从任意初始点 $\boldsymbol{X}^{(1)}$ 和向量 $\boldsymbol{P}^{(1)}=-\nabla f\left(\boldsymbol{X}^{(1)}\right)$ 出发，由

$$\boldsymbol{X}^{(k+1)}=\boldsymbol{X}^{(k)}+\lambda_k\boldsymbol{P}^{(k)},\lambda_k=\min_{\lambda} f\left(\boldsymbol{X}^{(k)}+\lambda\boldsymbol{P}^{(k)}\right)=-\frac{\left(\nabla f\left(\boldsymbol{X}^{(k)}\right)\right)^{\mathrm{T}}\boldsymbol{P}^{(k)}}{\left(\boldsymbol{P}^{(k)}\right)^{\mathrm{T}}\boldsymbol{A}\boldsymbol{P}^{(k)}}$$

和

$$\boldsymbol{P}^{(k+1)}=-\nabla f\left(\boldsymbol{X}^{(k+1)}\right)+\beta_k\boldsymbol{P}^{(k)},\beta_k=\frac{\left(\boldsymbol{P}^{(k)}\right)^{\mathrm{T}}\cdot\boldsymbol{A}\cdot\nabla f\left(\boldsymbol{X}^{(k+1)}\right)}{\left(\boldsymbol{P}^{(k)}\right)^{\mathrm{T}}\boldsymbol{A}\boldsymbol{P}^{(k)}}$$

$$(k=1,2,\cdots,n-1),$$

可以得到$\left(\boldsymbol{X}^{(2)},\boldsymbol{P}^{(2)}\right),\left(\boldsymbol{X}^{(3)},\boldsymbol{P}^{(3)}\right),\cdots,\left(\boldsymbol{X}^{(n)},\boldsymbol{P}^{(n)}\right)$，能够证明向量 $\boldsymbol{P}^{(1)}$，$\boldsymbol{P}^{(2)},\cdots,\boldsymbol{P}^{(n)}$ 是线性无关的，且关于 $\boldsymbol{A}$ 是两两共轭的，从而可以得到$\nabla f\left(\boldsymbol{X}^{(n)}\right)=0$，则 $\boldsymbol{X}^{(n)}$ 为 $f(\boldsymbol{X})$ 的极小点，这就是共轭梯度法，其计算步骤如下：

（1）对任意初始点 $\boldsymbol{X}^{(1)}\in\boldsymbol{E}^n$ 和向量 $\boldsymbol{P}^{(1)}=-\nabla f\left(\boldsymbol{X}^{(1)}\right)$，取 $k=1$；

（2）若$\nabla f\left(\boldsymbol{X}^{(k)}\right)=\boldsymbol{0}$，即得到最优解，停止计算；否则求

$$\boldsymbol{X}^{(k+1)}=\boldsymbol{X}^{(k)}+\lambda_k\boldsymbol{P}^{(k)},\lambda_k=\min_{k} f\left(\boldsymbol{X}^{(k)}+\lambda\boldsymbol{P}^{(k)}\right)=-\frac{\left(\nabla f\left(\boldsymbol{X}^{(k)}\right)\right)^{\mathrm{T}}\boldsymbol{P}^{(k)}}{\left(\boldsymbol{P}^{(k)}\right)^{\mathrm{T}}\boldsymbol{A}\boldsymbol{P}^{(k)}},$$

$$\boldsymbol{P}^{(k+1)}=-\nabla f\left(\boldsymbol{X}^{(k+1)}\right)+\beta_k\boldsymbol{P}^{(k)},\beta_k=\frac{\left(\boldsymbol{P}^{(k)}\right)^{\mathrm{T}}\cdot\boldsymbol{A}\cdot\nabla f\left(\boldsymbol{X}^{(k+1)}\right)}{\left(\boldsymbol{P}^{(k)}\right)^{\mathrm{T}}\boldsymbol{A}\boldsymbol{P}^{(k)}}$$

$$(k=1,2,\cdots,n-1).$$

（3）令 $k=k+1$；返回（2）。

注：对于一般的二阶可微函数 $f(\boldsymbol{X})$，在每一点的局部可以近似地视为二次函数

$$f(\boldsymbol{X})\approx f\left(\boldsymbol{X}^{(k)}\right)+\nabla f\left(\boldsymbol{X}^{(k)}\right)^{\mathrm{T}}\left(\boldsymbol{X}-\boldsymbol{X}^{(k)}\right)+\frac{1}{2}\left(\boldsymbol{X}-\boldsymbol{X}^{(k)}\right)^{\mathrm{T}}\nabla^2 f\left(\boldsymbol{X}^{(k)}\right)\left(\boldsymbol{X}-\boldsymbol{X}^{(k)}\right).$$

类似地，可以用共轭梯度法处理。

（五）牛顿（Newton）法

对于问题：

$$\min f(\boldsymbol{X})=\frac{1}{2}\boldsymbol{X}^{\mathrm{T}}\boldsymbol{A}\boldsymbol{X}+\boldsymbol{B}^{\mathrm{T}}\boldsymbol{X}+c,$$

由$\nabla f(\boldsymbol{X})=\boldsymbol{A}\boldsymbol{X}+\boldsymbol{B}=\boldsymbol{0}$，则由最优性条件$\nabla f(\boldsymbol{X})=\boldsymbol{0}$，当$\boldsymbol{A}$为正定时，$\boldsymbol{A}^{-1}$存在，于是有$\boldsymbol{X}^*=-\boldsymbol{A}^{-1}\boldsymbol{B}$为最优解。

（六）拟牛顿法

对于一般的二阶可微函数$f(\boldsymbol{X})$，在$\boldsymbol{X}^{(k)}$点的局部有

$$f(\boldsymbol{X})\approx f\left(\boldsymbol{X}^{(k)}\right)+\nabla f\left(\boldsymbol{X}^{(k)}\right)^{\mathrm{T}}\left(\boldsymbol{X}-\boldsymbol{X}^{(k)}\right)+\frac{1}{2}\left(\boldsymbol{X}-\boldsymbol{X}^{(k)}\right)^{\mathrm{T}}\nabla^2 f\left(\boldsymbol{X}^{(k)}\right)\left(\boldsymbol{X}-\boldsymbol{X}^{(k)}\right).$$

当黑塞矩阵$\nabla^2 f\left(\boldsymbol{X}^{(k)}\right)$正定时，也可应用上面的牛顿法，这就是拟牛顿法，其计算步骤如下：

（1）任取$\boldsymbol{X}^{(1)}\in\boldsymbol{E}^n,k=1$；

（2）计算$\boldsymbol{g}_k=\nabla f\left(\boldsymbol{X}^{(k)}\right)$，若$\boldsymbol{g}_k=\boldsymbol{0}$，则停止计算，否则计算$\boldsymbol{H}\left(\boldsymbol{X}^{(k)}\right)=\nabla^2 f\left(\boldsymbol{X}^{(k)}\right)$，令$\boldsymbol{X}^{(k+1)}=\boldsymbol{X}^{(k)}-\left(\boldsymbol{H}\left(\boldsymbol{X}^{(k)}\right)\right)^{-1}\boldsymbol{g}_k$；

（3）令$k=k+1$；返回（2）。

这种方法虽然简单，但选取初始值是比较困难的，选取不好可能不收敛。另外，对于一般的目标函数很复杂，或$\boldsymbol{X}$的维数很高时，要计算二阶导数和求逆阵也是很困难的，或根本不可能，为了解决这个问题，对上面的方法进行修正，即修正搜索方向，避免求二阶导数和逆矩阵，其他的都与拟牛顿法相同，这就是下面的变尺度法。

（七）变尺度法

变尺度法的计算步骤如下：

（1）任取$\boldsymbol{X}^{(0)}\in\boldsymbol{E}^n$和$\boldsymbol{H}^{(0)}$（一般取$\boldsymbol{H}^{(0)}=\boldsymbol{I}$为单位阵），计算$\boldsymbol{P}^{(0)}=-\boldsymbol{H}^{(0)}\nabla f\left(\boldsymbol{X}^{(0)}\right),k=0$；

（2）若$\nabla f\left(\boldsymbol{X}^{(k)}\right)=\boldsymbol{0}$，则停止计算，否则令$\boldsymbol{X}^{(k+1)}=\boldsymbol{X}^{(k)}+\lambda_k\boldsymbol{P}^{(k)}$，其中$\lambda_k$为最佳步长，由$\min\limits_{\lambda} f(\boldsymbol{X}^{(k)}+\lambda\boldsymbol{P}^{(k)})=f(\boldsymbol{X}^{(k)}+\lambda_K\boldsymbol{P}^{(k)})$确定；

（3）计算 $\boldsymbol{\delta}_{k+1}=\boldsymbol{X}^{(k+1)}-\boldsymbol{X}^{(k)},\boldsymbol{\gamma}_{k+1}=\nabla f\left(\boldsymbol{X}^{(k+1)}\right)-\nabla f\left(\boldsymbol{X}^{(k)}\right)$，

$$\min f\left(\boldsymbol{X}^{(k)}+\lambda\boldsymbol{P}^{(k)}\right)=f\left(\boldsymbol{X}^{(k)}+\lambda_k\boldsymbol{P}^{(k)}\right),$$

$$\boldsymbol{H}^{(k+1)}=\boldsymbol{H}^{(k)}+\frac{\boldsymbol{\delta}_{k+1}\cdot\boldsymbol{\delta}_{k+1}^{\mathrm{T}}}{\boldsymbol{\delta}_{k+1}^{\mathrm{T}}\cdot\boldsymbol{\gamma}_{k+1}}-\frac{\boldsymbol{H}^{(k)}\cdot\boldsymbol{\gamma}_{k+1}\cdot\boldsymbol{\gamma}_{k+1}^{\mathrm{T}}\cdot\boldsymbol{H}^{(k)}}{\boldsymbol{\gamma}_{k+1}^{\mathrm{T}}\cdot\boldsymbol{H}^{(k)}\cdot\boldsymbol{\gamma}_{k+1}},$$

$$\boldsymbol{P}^{(k+1)}=-\boldsymbol{H}^{(k+1)}\cdot\nabla f\left(\boldsymbol{X}^{(k+1)}\right);$$

（4）令 $\boldsymbol{P}^{(k+1)}=-\boldsymbol{H}^{(k+1)}\cdot\nabla f\left(\boldsymbol{X}^{(k+1)}\right)$；返回（2）。

上面介绍了几种常用的无约束非线性规划问题的求解方法，每一种方法的使用都是有条件的，对一般问题而言，任何一种方法也都不是总有效的，在实际中要根据实际问题选择应用。

三、带约束条件的非线性规划问题

带约束条件的非线性规划问题与无约束条件的问题相比要复杂，特别是问题可行域的非凸性，使得一般问题的求解方法从理论上变化更复杂，下面介绍带约束非线性规划问题的最优性条件和求解方法。

（一）非线性规划问题的最优性条件

在给出非线性规划问题的最优性条件之前，为了说明方便，我们首先引入两个概念，

定义 4-2　设 $\boldsymbol{X}^{(0)}$是非线性规划问题（4-3）的一个可行解，它使得某个约束条件 $g_j(\boldsymbol{X})\geqslant 0\quad(1\leqslant j\leqslant l)$，具体有下面两种情况：

（1）如果使 $g_j\left(\boldsymbol{X}^{(0)}\right)=0$，则称约束条件 $g_j(\boldsymbol{X})\geqslant 0\quad(1\leqslant j\leqslant l)$ 是 $\boldsymbol{X}^{(0)}$ 点的无效约束（或不起作用的约束）；

（2）如果使 $g_i\left(\boldsymbol{X}^{(0)}\right)=0$，则称约束条件 $g_j(\boldsymbol{X})\geqslant 0\quad(1\leqslant j\leqslant l)$ 是 $\boldsymbol{X}^{(0)}$ 点的有效约束（或起作用的约束）。

实际上，如果 $g_j(\boldsymbol{X})\geqslant 0\quad(1\leqslant j\leqslant l)$ 是 $\boldsymbol{X}^{(0)}$ 点的无效约束，则说明 $\boldsymbol{X}^{(0)}$ 位于可行域的内部，不在边界上，即当 $\boldsymbol{X}^{(0)}$有微小变化时，此约束条件没有什么影响，而有效约束则说明 $\boldsymbol{X}^{(0)}$ 位于可行域的边界上，即当 $\boldsymbol{X}^{(0)}$ 有微小变化时，此约束条件起着限制作用。

定义 4-3　设 $\boldsymbol{X}^{(0)}$ 是非线性规划问题的一个可行解，$\boldsymbol{D}$ 是过此点的某一个方向，如果

（1）存在实数 $\lambda_0>0$，使对任意 $\lambda\in\left[0,\lambda_0\right]$ 均有 $\boldsymbol{X}^{(0)}+\lambda\boldsymbol{D}\in R$，则称此方向 $\boldsymbol{D}$ 是

$\boldsymbol{X}^{(0)}$ 点的一个可行方向；

（2）存在实数 $\lambda_0>0$，使对任意 $\lambda\in[0,\lambda_0]$ 均有 $f\left(\boldsymbol{X}^{(0)}+\lambda\boldsymbol{D}\right)<f\left(\boldsymbol{X}^{(0)}\right)$，则称此方向 $\boldsymbol{D}$ 是 $\boldsymbol{X}^{(0)}$ 点的一个下降方向；

（3）方向 $\boldsymbol{D}$ 既是 $\boldsymbol{X}^{(0)}$ 点的可行方向，又是下降方向，则称它是 $\boldsymbol{X}^{(0)}$ 点的可行下降方向。

在实际中，一方面，如果某个 $\boldsymbol{X}^{(0)}$ 不是极小点（最优解），就继续沿着 $\boldsymbol{X}^{(0)}$ 点的可行下降方向去搜索，显然，若 $\boldsymbol{X}^{(0)}$ 点存在可行下降方向，它就不是极小点；另一方面，若 $\boldsymbol{X}^{(0)}$ 为极小点，则该点就不存在可行下降方向。

（二）非线性规划的可行方向法

考虑非线性规划问题（3），假设 $\boldsymbol{X}^{(k)}$ 是该问题的一个可行解，但不是最优解，为了进一步寻找最优解，在它的可行下降方向中选取其一个方向 $\boldsymbol{D}^{(k)}$，并确定最佳步长 λ_k；使得

$$\begin{cases}\boldsymbol{X}^{(k+1)}=\boldsymbol{X}^{(k)}+\lambda_k\boldsymbol{D}^{(k)}\in R,\\ f\left(\boldsymbol{X}^{(k+1)}\right)<f\left(\boldsymbol{X}^{(k)}\right),\end{cases},k=0,1,2,\cdots.$$

反复进行这一过程，直到得到满足精度要求的解为止，这种方法称为可行方向法，可行方向法的主要特点是：因为迭代过程中采用的搜索方向总为可行方向，所以产生的迭代点列 $\left\{\boldsymbol{X}^{(k)}\right\}$ 始终在可行域 R 内，且目标函数值不断地单调下降，可行方向法实际上是一类方法，最典型的是 Zoutendijk 可行方向法。

定理　设 $\boldsymbol{X}^*$ 是问题的一个局部极小点，函数 $f(\boldsymbol{X})$ 和 $g_j(X)$ 在 $\boldsymbol{X}^*$ 处均可微，则在 $\boldsymbol{X}^*$ 点不存在可行下降的方向，从而不存在向量 $\boldsymbol{D}$ 同时满足

$$\begin{cases}\nabla f\left(\boldsymbol{X}^*\right)^{\mathrm{T}}\boldsymbol{D}<0\\ \nabla g_i\left(\boldsymbol{X}^*\right)^{\mathrm{T}}\boldsymbol{D}>0,j=1,2,\cdots,m\end{cases}.$$

实际上，由

$$\begin{cases}f\left(\boldsymbol{X}^*+\lambda\boldsymbol{D}\right)=f\left(\boldsymbol{X}^*\right)+\lambda\nabla f\left(\boldsymbol{X}^*\right)^{\mathrm{T}}\boldsymbol{D}+o(\lambda),\\ g_j\left(\boldsymbol{X}^*+\lambda\boldsymbol{D}\right)=g_j\left(\boldsymbol{X}^*\right)+\lambda\nabla g_j\left(\boldsymbol{X}^*\right)^{\mathrm{T}}\boldsymbol{D}+o(\lambda),\end{cases}$$

可知这个定理的结论是显然的，否则就与 $\boldsymbol{X}^*$ 有极小点矛盾。

Zoutendijk 可行方向法：设 $\boldsymbol{X}^{(k)}$ 点的有效约束集非空，则 $\boldsymbol{X}^{(k)}$ 点的可行下降方向

$\boldsymbol{D}=\left(d_1,d_2,\cdots,d_n\right)^{\mathrm{T}}$ 必满足

$$\begin{cases}\nabla f\left(\boldsymbol{X}^{(k)}\right)^{\mathrm{T}}\boldsymbol{D}<0,\\ \nabla \mathbf{g}_j\left(\boldsymbol{X}^{(k)}\right)^{\mathrm{T}}\boldsymbol{D}>0, j\in J,\end{cases}$$

又等价于

$$\begin{cases}\nabla f\left(\boldsymbol{X}^{(k)}\right)^{\mathrm{T}}\boldsymbol{D}\leqslant\eta,\\ -\nabla g_j\left(\boldsymbol{X}^{(k)}\right)^{\mathrm{T}}\boldsymbol{D}\leqslant\eta, j\in J,\\ \eta<0,\end{cases}$$

其中 J 是有效约束的下标集，此问题可以转化为求下面的线性规划问题：

$$\min\eta,$$

$$\begin{cases}\nabla f\left(\boldsymbol{X}^{(k)}\right)^{\mathrm{T}}\boldsymbol{D}\leqslant\eta,\\ -\nabla g_j\left(\boldsymbol{X}^{(k)}\right)^{\mathrm{T}}\boldsymbol{D}\leqslant\eta, j\in J,\\ -1\leqslant d_i\leqslant 1, i=1,2,\cdots,n.\end{cases}$$

其中，最后一个约束式子是为了求问题的有限解，即只需要确定$\boldsymbol{D}$的方向，只要确定单位向量即可。

如果求得 $\eta=0$，则在 $\boldsymbol{X}^{(k)}$ 点不存在可行下降方向，$\boldsymbol{X}^{(k)}$ 就是 K－T 点，如果求得 $\eta<0$，则可以得到可行下降方向 $\boldsymbol{D}^{(k)}$，这就是 Zoutendijk 可行方向法。

在实际中，利用 Zoutendijk 可行方向法得到可行下降方向 $\boldsymbol{D}^{(k)}$ 后，用求一维极值的方法求出最佳步长 λ_k，则再进行下一步的迭代

$$\begin{cases}\boldsymbol{X}^{(k+1)}=\boldsymbol{X}^{(k)}+\lambda_k\boldsymbol{D}^{(k)}\in R,\\ f\left(\boldsymbol{X}^{(k+1)}\right)<f\left(\boldsymbol{X}^{(k)}\right),\end{cases} k=0,1,2,\cdots.$$

四、带约束条件的非线性规划问题的解法

带约束条件的非线性规划问题的常用解法是制约函数法，其基本思想是：将求解非线性规划问题转化为一系列无约束的极值问题来求解，故此方法也称为序列无约束最小化方法。在无约束问题的求解过程中，对企图违反约束的那些点给出相应的惩罚约束，迫使这一系列的无约束问题的极小点不断地向可行域靠近（若在可行域外部），或者一直在可行

域内移动（若在可行域内部），直到收敛到原问题的最优解为止。

常用的制约函数可分为两类：惩罚函数（简称罚函数）和障碍函数，从方法来讲分为外点法（或外部惩罚函数法）和内点法（或内部惩罚函数法，即障碍函数法）。

外点法：对违反约束条件的点在目标函数中加入相应的“惩罚约束”，而对可行点不予惩罚，此方法的迭代点一般在可行域的外部移动。

内点法：对企图从内部穿越可行域边界的点在目标函数中加入相应的“障碍约束”，距边界越近，障碍越大，在边界上给以无穷大的障碍，从而保证迭代一直在可行域内部进行。

第二节　非线性规划建模的应用

例 1（飞行管理问题）：已知某航空公司需要进行飞行训练，训练的飞行高度为 10000 m，训练要求几架飞机共同在边长为 160000 m 的正方形中做平行飞行运动。为了更好地指挥和调动飞机，应利用计算机对飞机的位置及飞行速度进行记录。当在正方形飞行区域内的飞机接近该区域的边界时，要对计算机收集到的数据进行计算与分析，以防止各个飞机之间发生摩擦或撞击，而引发事故，造成损失。如果经过计算发现飞机之间将会发生撞击，就要继续计算，通过分析得出对各个飞机进行指挥调整、改变飞行方向的方案。已知条件如下。

①正方形区域内任意两架飞机之间的位置距离要在 8000 m 或 8000 m 以上，以保证飞机之间不会发生撞击及摩擦；

②对飞机进行角度调整时要保证调整的范围在 30° 以内；

③所有飞机的飞行速度均为 800 km/h；

④进入该区域的飞机在到达区域边缘时，与区域内飞机的距离应在 60 km 以上；

⑤最多只需考虑 6 架飞机；

⑥不必考虑飞机离开此区域后的状况。

建立相应的数学模型（尽量让飞机做最小幅度的调整），以防止飞机在平行飞行时发生摩擦与撞击。之后，根据下面提供的数据展开计算（方向角的误差要控制在 0.01° 以内），并列出具体的运算步骤。

设该区域 4 个顶点的坐标为（0，0），（160，0），（160，160），（0，160）。飞行区域内的飞机位置和飞行方向的记录数据见表 4–1。

表 4–1　飞机在飞行区域中的位置

飞机编号	横坐标 x	纵坐标 y	方向角 /（°）
1	150	140	243
2	85	85	236
3	150	155	220.5
4	145	50	159
5	130	150	230
新进入	0	0	52

注：方向角指飞行方向与 x 轴正向的夹角。

①问题分析。首先研究两架飞机不会相互碰撞的条件，以第 i 架、第 j 架两架飞机为例，两架飞机的初始位置分别为（x_i^0, y_i^0）与（x_j^0, y_j^0），飞机的飞行方向角为 θ，时刻 t 飞机的位置为

$$\begin{cases} x_s(t) = x_s^0 + vt\cos\theta \\ y_s(t) = y_s^0 + vt\sin\theta_s \end{cases} (s = i, j). \tag{4–6}$$

两架飞机的距离为

$$\begin{aligned} r_{ij}^2(t) &= \left[x_i(t) - x_i(t)\right]^2 + \left[y_i(t) - y(t)\right]^2 \\ &= v^2\left[\left(\cos\theta_i - \cos\theta_j\right)^2 + \left(\sin\theta_i - \sin\theta_j\right)^2\right]t^2 + \\ & 2v\left[\left(x_i^0 - x_j^0\right)\left(\cos\theta_i - \cos\theta_j\right) + \left(y_i^0 - y_j^0\right)\left(\sin\theta_i - \sin\theta_j\right)\right]t + \\ & \left(x^0 - x^0\right)^2 + \left(y^0 - y^0\right)^2, \end{aligned} \tag{4–7}$$

引入记号

$$a_{ij} = v^2\left[\left(\cos\theta_i - \cos\theta_j\right)^2 + \left(\sin\theta_i - \sin\theta_j\right)^2\right], \tag{4–8}$$

$$b_{ij} = 2v\left[\left(x_i^0 - x_j^0\right)\left(\cos\theta_i - \cos\theta_j\right) + \left(y_i^0 - y_j^0\right)\left(\sin\theta_i - \sin\theta_j\right)^2\right]. \tag{4–9}$$

则两架飞机的距离可表示为

$$r_{ij}^2(t)=a_{ij}t^2+b_{ij}t+r_{ij}^2(0)\ . \tag{4-10}$$

由此可见，两架飞机不会相互碰撞的条件是$r_{ij}^2(t)=a_{ij}t^2+b_{ij}t+r_{ij}^2(0)>64$。

由于不必考虑飞机在区域外的情况，两架飞机都在区域中的时间为$t_{ij}=\min\left(t_i,t_j\right)$。其中，$t_i$为第$i$架飞机在区域内的时间。已知正方形飞行区域的边长$D$为160km，由题意可得：

$$t_i=\begin{cases}\dfrac{D-x_i^0}{v\cos\theta_i},\text{若 }0\leqslant\theta_i<\dfrac{\pi}{2}\cdot\tan\theta_i\leqslant\dfrac{D-y_i^0}{D-x_i^0}\text{ 或 }\dfrac{3\pi}{2}<\theta_i<2\pi,-\tan\theta_i\leqslant\dfrac{y_i^0}{D-x_i^0}\\ \dfrac{D-x_i^0}{v\cos\theta_i},\text{若 }0\leqslant\theta_i<\dfrac{\pi}{2},\tan\theta_i\leqslant\dfrac{D-y_i^0}{D-x_i^0}\text{ 或 }\dfrac{\pi}{2}\leqslant\theta_i<\pi,-\tan\theta_i\geqslant\dfrac{D-y_i^0}{x_i^0}\\ \dfrac{-x_i^0}{v\cos\theta_i},\text{若 }\dfrac{\pi}{2}<\theta_i\leqslant\pi,-\tan\theta_i\leqslant\dfrac{D-y_i^0}{x_i^0}\text{ 或 }\pi\leqslant\theta_i<\dfrac{3\pi}{2},\tan\theta_i\leqslant\dfrac{y_i^0}{x_i^0}\\ \dfrac{-y_i^0}{v\sin\theta_i},\text{若 }\pi<\theta_i<\dfrac{3\pi}{2},\tan\theta_i\geqslant\dfrac{y_i^0}{x_i^0}\text{ 或}\dfrac{3\pi}{2}\leqslant\theta_i<2\pi,-\tan\theta_i\geqslant\dfrac{y_i^0}{D-x_j^0}\end{cases}. \tag{4-11}$$

②模型建立。第i架飞机的初始方向角为θ_j°，调整后的方向角为$\theta_i=\theta_i^0+\Delta\theta_i$。其中，$\Delta$为调整角度，则目标函数为总的调整量：$f=\sum_{i=1}^{n}\left|\Delta\theta_i\right|$。结合前面的不碰撞条件可得出下面的非线性规划模型：

$$\min f=\sum_{i=1}^{n}\left|\Delta\theta_i\right|,$$

$$\text{s.t.}\begin{cases}r_j^2>64,t<t_{ij}(i,j=1,\cdots,N\text{ 且 }i\neq j)\\ \left|\Delta\theta_i\right|\leqslant 6<\pi(i=1,\cdots,N)\end{cases}. \tag{4-12}$$

③模型求解。将目标函数改为$f=\sum^{n}\Delta\theta_i^2$，考虑到区域对角线的长度为$\sqrt{2}D$，任意一架飞机在区域内停留的时间不会超过$t_m=\sqrt{2}D/v$，因此约束条件中的$t$<t_{ij}，可修改为$t$<t_m。考虑到$r_{ij}^2(t)$是$t$的二次函数，可以利用$\dfrac{\mathrm{d}r_i^2}{\mathrm{d}t}=0$求得两飞机距离最小的时间点为$t=-b_{ij}/2a_{ij}$。若$0<t<t_{ij}$，则代入$r_{ij}^2(t)=a_{ij}t^2+b_{ij}t+r_{ij}^2(0)$即可求得$r_{ij}^2(t)$。

例 2（选址问题）：有六个工地将要执行开工计划，每个工地的位置（用平面坐标系

aOb 表示，距离单位为 km）及水泥日用量 d（单位为 t）见表 4-2。

为了储存更多的水泥以供应施工所需，需要修建两个临时的储存量为 20t 的料场来储备水泥。下面将建立相应的数学模型，计算将料场建造在何处才可以使水泥运输的成本降到最低，即让各个工地与水泥料场之间的距离与水泥的运输量的乘积之和达到最小。

表 4-2 工地位置（a，b）及水泥日用量（d）

工地位置及水泥日用量	1	2	3	4	5	6
a	1.25	8.75	0.5	5.75	3	7.25
b	1.25	0.75	4.75	5	6.5	7.25
d	3	5	4	7	6	11

①模型建立。工地的位置为（a_i,b_i），水泥的日用量为 $d_i(i=1,2,\cdots,6)$；料场的位置为 $\left(x_j,y_j\right)$，日储量为 $e_j(j=1,2)$；从料场 j 向工地 i 的运送量为 X_{ij}。在各工地用量必须满足和各料场运送量不超过日储量的条件下，使总的吨千米数（指 1t 货物运送 1km 的距离，通常用来计算运输费）最小。这是非线性规划问题，可建立如下的数学模型：

$$\min f=\sum_{j=1}^{5}\sum_{j=1}^{2}X_{ij}\sqrt{\left(x_i-a_j\right)^2+\left(y_i-b_j\right)^2},$$

$$\begin{cases}\sum\limits_{j=1}^{2}X_{ij}=d_i(i=1,2,\cdots,6)\\ \sum\limits_{j=1}^{6}=X_{ij}\leqslant e_i(j=1,2)\\ X_{ij}\geqslant 0(i=1,2,\cdots,6;j=1,2)\end{cases} \tag{4-13}$$

②模型求解。利用 MATLAB 编程得出两个料场的坐标分别为（6.3875，4.3943）和（5.7511，7.1867），总的吨千米数的最小值为 105.4626。由料场 A、B 向 6 个工地运料的方案见表 4-3。

表 4-3 运料方案

	1	2	3	4	5	6
料场 A	3	5	0.0707	7	0	0.9293
料场 B	0	0	3.9293	0	6	10.070
合计	3	5	4	7	6	11

第五章

线性规划方法与应用

第一节　线性规划方法

实际中所研究的优化问题，一般都是要求使问题的某一项指标达到“最优”的方案，这里的“最优”包括“最好”“最大”“最小”“最高”“最低”“最多”“最少”，等等。这类问题统称为最优化问题，解决这类问题的最常用方法就是线性规划方法。目前，因为线性规划有着非常完备的理论基础和有效的求解方法，所以它在实际中的应用是十分广泛的，譬如合理地分配、使用有限的资源（经济、人力、物资等），以获得“最优效益”等问题。

一、线性规划模型

（一）问题的引入

设某企业现有 m 种资源 $A_i(i=1,2,\cdots,m)$ 用于生产 n 种产品 $B_j(j=1,\ 2,\cdots,n)$，试问如何安排每种资源的拥有量和每种产品所消耗的资源量及单位产品的利润的生产计划使得该企业获利最大?

建立数学模型：

设产品 B_j 的产量为 $\boldsymbol{x}_j(j=1,2,\cdots,n)$，称为决策变量，所得的利润为 z，则要解决问题的目标是使得（总利润）函数 $z=\sum_{j=1}^{n}c_jx_j$ 有最大值，决策变量所受的约束条件为

$$\begin{cases}\sum_{j=1}^{n} a_{ij}x_j \leqslant b_i \quad (i=1,2,\cdots,m) \\ x_j \geqslant 0 \quad (j=1,2,\cdots,n)\end{cases}.$$

于是，问题可归结为求目标函数在约束条件下的最大值问题。显然，目标函数和约束条件都是决策变量的线性函数，即有下面的线性规划模型

目标函数：$\max z=\sum_{j=1}^{n} c_j x_j$，

约束条件：$\begin{cases}\sum_{j=1}^{n} a_{ij}x_j \leqslant b_i \quad (i=1,2,\cdots,m) \\ x_j \geqslant 0 \quad (j=1,2,\cdots,n)\end{cases}$.（5–1）

一般地，如果问题的目标函数和约束条件关于决策变量都是线性的，则称该问题为线性规划问题，其模型称为线性规划模型。

（二）线性规划模型的一般形式

线性规划模型的一般形式为

$$\max(\min) z=\sum_{j=1} c_j x_j,$$

$$\text{s. t.} \begin{cases}\sum_{j=1}^{n} a_{ij}x_j \leqslant(\geqslant,=) b_i \quad (i=1,2,\cdots,m) \\ x_j \geqslant 0 \quad (j=1,2,\cdots,n)\end{cases}.$$

也可表示为矩阵形式

$$\max(\min) z=\boldsymbol{CX},$$

$$\text{s.t.} \begin{cases}\boldsymbol{AX} \leqslant(\geqslant,=) \boldsymbol{b} \\ \boldsymbol{X} \geqslant 0\end{cases}.$$

向量形式

$$\max(\min) z=\boldsymbol{CX},$$

$$\text{s.t.} \begin{cases}\sum_{j=1}^{n} \boldsymbol{P}_j x_j \leqslant(\geqslant,=) \boldsymbol{b}, \\ \boldsymbol{X} \geqslant 0.\end{cases}$$

其中，$\boldsymbol{C}=(c_1,c_2,\cdots,c_n)$称为目标函数的系数向量；$\boldsymbol{X}=(x_1,x_2,\cdots,x_n)^{\mathrm{T}}$决策向量；

$\boldsymbol{b}=\left(b_1,b_2,\cdots,b_m\right)^{\mathrm{T}}$ 称为约束方程组的常数向量；$\boldsymbol{A}=\left(a_{ij}\right)_{m\times n}$ 称为约束方程组的系数矩阵；$\boldsymbol{P}_j=\left(a_{1j},a_{2j},\cdots,a_{mj}\right)^{\mathrm{T}}(j=1,2,\cdots,n)$ 称为约束方程组的系数向量。

（三）线性规划模型的标准型

线性规划模型的标准型规定为

$$\max z=\boldsymbol{CX}, \tag{5-2}$$

$$\text{s.t.}\begin{cases}\boldsymbol{AX}=b\\ \boldsymbol{X}\geqslant 0\end{cases}. \tag{5-3}$$

非标准型的线性规划模型都可以化为标准型，其方法如下：

（1）目标函数为最小化问题：令 $z'=-z$，则 $\max z'=-\min z=-\boldsymbol{CX}$；

（2）约束条件为不等式：对于不等号"≤（≥）"的约束条件，则可在"≤（≥）"的左端加上（或减去）一个非负变量（称为松弛变量）使其变为等式；

（3）对于无约束的决策变量：譬如$x\in(-\infty,+\infty)$，则令$x=x'-x''$，使得x'，$x''\geqslant 0$，之后代入模型即可。

二、线性规划解的概念与理论

为了研究解决一般的线性规划问题和求解线性规划模型，下面给出线性规划问题解的概念和相关理论。

（一）线性规划解的概念

（1）解：称满足约束条件［式（5-3）］的解 $\boldsymbol{X}=\left(x_1,x_2,\cdots,x_n\right)^{\mathrm{T}}$ 为线性规划问题的可行解；可行解的全体构成的集合称为可行域，记为D；使目标函数式（5-2）达到最大的可行解称为最优解。

（2）基：设系数矩阵$\boldsymbol{A}=\left(a_{ij}\right)_{m\times n}$的秩为 m，则称 $\boldsymbol{A}$ 的某个 $m\times m$ 阶非奇异子矩阵 $\boldsymbol{B}(\det\boldsymbol{B}\neq 0)$ 为线性规划问题的一个基，不妨设 $\boldsymbol{B}=\left(a_{ij}\right)_{m\times m}=\left(P_1,P_2,\cdots,P_m\right)$，则称向量 $\boldsymbol{P}_j=\left(a_{1j},a_{2j},\cdots,a_{mj}\right)^{T}(j=1,2,\cdots,m)$ 为基向量，其他的称为非基向量；与基向量对应的决策变量 $\boldsymbol{x}_j(j=1,2,\cdots,m)$ 称为基变量，其他的变量称为非基变量。

（3）基解：设问题的基为 $\boldsymbol{B}=\left(a_{ij}\right)_{m\times m}=\left(P_1,P_2,\cdots,P_m\right)$，将约束方程组变为

$$\sum_{j=1}^{m}\boldsymbol{P}_j x_j=\boldsymbol{b}-\sum_{j=m+1}^{n}\boldsymbol{P}_j x_j. \tag{5-4}$$

在方程组（5–4）的解中，令 $x_j=0\quad(j=m+1,\cdots,n)$，则称解向量 $\boldsymbol{X}=\left(x_1,x_2,\cdots,x_m,0,\cdots,0\right)^{\mathrm{T}}$ 为线性规划问题的基解。

（4）基可行解：满足非负约束条件的基解称为基可行解。

（5）可行基：对应于基可行解的基称为可行基。

（二）线性规划解的基本理论

根据线性规划问题解的基本概念，对于线性规划问题的求解有相应完善的基本理论和方法，在这里仅不加证明地给出几个主要的定理：

定理 5–1　如果线性规划问题（5–2），（5–3）存在可行域，则其可行域

$$D=\left\{X|\sum_{j=1}^{n}P_j x_j=b,x_j\geqslant 0\right\}$$

是凸集。

定理 5–2　线性规划问题（5–2），（5–3）的任一个基可行解 X 必对应于可行域 D 的一个顶点。

定理 5–3（1）　如果线性规划问题（5–2），（5–3）的可行域有界，则问题的最优解一定在可行域的顶点上达到；

定理 5–3（2）　如果线性规划问题（5–2），（5–3）的可行域有无界解，则问题可能无最优解；若有最优解也一定在可行域的某个顶点上达到。

三、线性规划的求解方法

根据线性规划的解的概念和基本理论，求解线性规划可采用下面的方法：求一个基可行解；检查该基可行解是否为最优解；如果不是，则设法再求另一个没有检查过的基可行解，如此进行下去，直到得到的某一个基可行解为最优解为止。现在要解决的问题是：如何求出第一个基可行解？如何判断基可行解是否为最优解？如何由一个基可行解过渡到另一个基可行解？解决这些问题的方法称为单纯形法。

（一）初始基可行解的确定

如果线性规划问题为标准型（约束方程全为等式），则从系数矩阵 $\boldsymbol{A}=\left(a_{ij}\right)_{m\times n}$，中观察总可以得到一个 m 阶单位阵 $\boldsymbol{I}_m$，如果问题的约束条件的不等号均为“≤”，则引入 m 个松弛变量，可化为标准型，并将变量重新排序编号，即可得到一个 m 阶单位阵 $\boldsymbol{I}_m$；如果问题的约束条件的不等号为“≥”，则首先引入松弛变量化为标准型，再通过人工变量法总能得到一个 m 阶单位阵 $\boldsymbol{I}_m$。综上所述，取如上 m 阶单位阵 $\boldsymbol{I}_m$ 为初始可行基，即 $\boldsymbol{B}=\boldsymbol{I}_m$，将相应的约束方程组变为

$$x_i=b_i-a_{i,m+1}x_{m+1}-\cdots-a_{in}x_n,\quad i=1,2,\cdots,m.$$

令 $x_j=0\quad(j=m+1,\cdots,n)$，则可得一个初始基可行解

$$\boldsymbol{X}^{(0)}=\left(x_1^{(0)},x_2^{(0)},\cdots,x_m^{(0)},0,\cdots,0\right)^{\mathrm{T}}=\left(b_1,b_2,\cdots,b_m,0,\cdots,0\right)^{\mathrm{T}}.$$

（二）寻找另一个基可行解

当一个基可行解不是最优解或不能判断时，需要过渡到另一个基可行解，即从基可行解 $\boldsymbol{X}^{(0)}=\left(x_1^{(0)},x_2^{(0)},\cdots,x_m^{(0)},0,\cdots,0\right)^{\mathrm{T}}$ 对应的可行基 $\boldsymbol{B}=\left(P_1,P_2,\cdots,P_m\right)$ 中替换一个列向量，并与原向量组线性无关，譬如用非基变量 $P_{m+t}(1\leqslant t\leqslant n-m)$ 替换基变量 $P_l(1\leqslant l\leqslant m)$，就可得到一个新的可行基 $\boldsymbol{B}_1=\left(P_1,\cdots,P_{t-1},P_{m+t},P_{l+1},\cdots,P_m\right)$，从而可以求出一个新的基可行解 $\boldsymbol{X}^{(1)}=\left(x_1^{(1)},x_2^{(1)},\cdots,x_m^{(1)},0,\cdots,0\right)^T$，其方法称为基变换法，事实上

$$x_i^{(1)}=\begin{cases}x_i^{(0)}-\theta\beta_{i,m+l}, & i\neq l,\\ \theta, & i=l\end{cases}\left(\begin{matrix}i=1,2,\cdots,m\\ 1\leqslant l\leqslant m,1\leqslant t\leqslant n-m\end{matrix}\right),$$

其中

$$\theta=\frac{x_l^{(0)}}{\beta_{l,m+t}}=\min_{1\leqslant i\leqslant m}\left\{\frac{x_i^{(0)}}{\beta_{i,m+t}}\middle|\ \beta_{i,m+t}>0\right\},P_{m+t}=\sum_{i=1}^{m}\beta_{i,m+t}P_i.$$

如果 $\boldsymbol{X}^{(1)}=\left(x_1^{(1)},x_2^{(1)},\cdots,x_m^{(1)},0,\cdots,0\right)^T$ 仍不是最优解，则可以重复利用这种方法，直到最优解为止。

（三）最优性检验的方法

假设要检验基可行解 $\boldsymbol{X}^{(1)}=\left(x_1^{(1)},x_2^{(1)},\cdots,x_m^{(1)},0,\cdots,0\right)^{\mathrm{T}}=\left(b_1',b_2',\cdots,b_m',0,\cdots,0\right)^{\mathrm{T}}$，的最优性，由约束方程组对任意的 $\boldsymbol{X}=\left(x_1,x_2,\cdots,x_n\right)^{\mathrm{T}}$ 有

$$x_i = b_i' - \sum_{j=m+1}^{n} a_{ij}' x_j,\quad i = 1,2,\cdots,m\ .$$

将基可行解 $\boldsymbol{X}^{(1)}$ 和任意的 $\boldsymbol{X} = \left(x_1, x_2, \cdots, x_n\right)^{\mathrm{T}}$ 分别代入目标函数得

$$z^{(0)} = \sum_{i=1}^{m} c_i x_i^{(1)} = \sum_{i=1}^{m} c_i b_i',$$

$$\begin{aligned} z^{(1)} &= \sum_{i=1}^{n} c_i x_i = \sum_{i=1}^{m} c_i x_i + \sum_{i=m+1}^{n} c_i x_i \\ &= \sum_{i=1}^{m} c_i \left(b_i' - \sum_{j=m+1}^{n} a_{ij}' x_j \right) + \sum_{j=m+1}^{n} c_j x_j \\ &= \sum_{i=1}^{m} c_i b_i' + \sum_{j=m+1}^{n} \left(c_j - \sum_{i=1}^{m} c_i a_{ij}' \right) x_j \\ &= z^{(0)} + \sum_{j=m+1}^{n} \left(c_j - z_j \right) x_j, \end{aligned}$$

其中 $z_j = \sum_{i=1}^{m} c_i a_{ij}' \quad (j = m+1,\cdots,n)$。记 $\sigma_j = c_j - z_j \quad (j = m+1,\cdots,n)$，则

$$z^{(1)} = z^{(0)} + \sum_{j=m+1}^{n} \sigma_j x_j\ . \tag{5-5}$$

注：当 $\sigma_j > 0$ 时就有 $z^{(0)} < z^{(1)}$；当 $\sigma_j \leqslant 0$ 时就有 $z^{(1)} \leqslant z^{(0)}$，为此，$\sigma_j = c_j - z_j$ 的符号是判别 $\boldsymbol{X}^{(1)}$ 是否为最优解的关键所在，故称为检验数，于是由式（5-5）可以有下面的结论：

（1）如果 $\sigma_j \leqslant 0 \quad (j = m+1,\cdots,n)$，则 $\boldsymbol{X}^{(1)}$ 是问题的最优解，最优值为 $z^{(0)}$；

（2）如果 $\sigma_j \leqslant 0 \quad (j = m+1,\cdots,n)$ 且至少存在一个 $\sigma_{m+k} = 0 \quad (1 \leqslant k \leqslant n-m)$，则问题有无穷多个最优解，$\boldsymbol{X}^{(1)}$ 是其中之一，最优值为 $z^{(0)}$；

（3）如果 $\sigma_j < 0 \quad (j = m+1,\cdots,n)$，则 $\boldsymbol{X}^{(1)}$ 是问题的唯一的最优解，最优值为 $z^{(0)}$；

（4）如果存在某个检验数 $\sigma_{m+k} > 0 \quad (1 \leqslant k \leqslant n-m)$，并且对应的系数向量 $\boldsymbol{P}_{m+k}$ 的各分量 $a_{i,m+k} \leqslant 0 \quad (i = 1,2,\cdots,m)$，则问题具有无界解（无最优解）。

（四）线性规划的 LINGO 解法

LINGO 是求解优化问题的一个专业的工具软件，它包含了内置的建模语言，允许用户以简练、直观的形式描述较大规模的优化模型，对于模型中所需要的数据能以一定的格式保存在独立的文件中，读取方便快捷。

四、线性规划的对偶问题

（一）对偶问题的提出

实际问题从相反的角度提出：假设 B 企业要将 A 企业的资源和生产权全部收购过来，问题是 B 企业至少应付多少代价，才能使 A 企业愿意转让所有资源和生产权？

事实上，要让 A 企业转让的条件是：对同等数量的资源出让的代价不应低于 A 企业自己生产的产值，即若用 y_i 表示 B 企业收购 A 企业的一个单位的第 i 种资源时付出的代价，则 A 出让生产一个单位的第 j 种产品资源的价值不应低于生产一个单位第 j 种产品的产值 c_j 元，即

$$\sum_{i=1}^{m} a_{ij} y_i \geqslant c_j \quad (j = 1, 2, \cdots, n).$$

对 B 企业，目的是希望花最小的代价将 A 企业的所有资源及生产权收购过来，即问题为

$$\min w = \sum_{i=1}^{m} b_i y_i ,$$

$$\begin{cases} \sum_{i=1}^{m} a_{ij} y_i \geqslant c_j & (j = 1, 2, \cdots, n) \\ y_i \geqslant 0 & (i = 1, 2, \cdots, m) \end{cases} . \tag{5-6}$$

或

$$\{\min w = \boldsymbol{Y} \cdot \boldsymbol{b} | \ \boldsymbol{Y} \cdot \boldsymbol{A} \geqslant \boldsymbol{C}, \boldsymbol{Y} \geqslant \boldsymbol{0}\} .$$

（二）原问题与对偶问题的关系

原问题与对偶问题的关系如表 5-1 所示，正面看是原问题，顺时针旋转 90° 看是对偶问题，如果约束条件中的不等号反向或为等式，对偶问题的变化情况如表 5-2 所示。

表 5-1　原问题与对偶问题的关系

<table>
<tr><td>—</td><td colspan="2">x_1 x_1 … x_1</td><td colspan="2">原关系</td><td>min w</td></tr>
<tr><td>y_1
y_2
⋮
y_m</td><td colspan="2">a_{11} a_{12} … a_{1n}
a_{21} a_{22} … a_{2n}
⋮ ⋮ ⋮
a_{m1} a_{m2} … a_{mn}</td><td colspan="2">⩽
⩽
⋮
⩽</td><td>b_1
b_2
⋮
b_m</td></tr>
<tr><td colspan="2">对偶关系</td><td colspan="2">⩾⩾ … ⩾</td><td colspan="2" rowspan="2">max Z=min w</td></tr>
<tr><td colspan="2">max Z</td><td colspan="2">c_1 c_2 … c_n</td></tr>
</table>

表 5-2 对偶问题的变化情况

原问题		对偶问题	
约束条（m 个）	≤	变量符号（m 个）	≥0
	≥		≤0
	=		无约束
变量符号（n 个）		约束条件（n 个）	≥
	≤0		≤
	无约束		=

注：使用此表时总是视最大化问题为原问题，视最小化问题为对偶问题，否则容易出错。

设线性规划的原问题为 $\{\max z = \boldsymbol{C}\cdot\boldsymbol{X} \mid \boldsymbol{AX}\leqslant\boldsymbol{b},\boldsymbol{X}\geqslant\boldsymbol{0}\}$，相应的对偶问题为 $\{\min w = \boldsymbol{Y}\cdot\boldsymbol{b} \mid \boldsymbol{YA}\geqslant\boldsymbol{C},\boldsymbol{Y}\geqslant 0\}$，则有如下性质：

（1）对偶问题的对偶问题是原问题；

（2）如果原问题（对偶问题）为无界解，则其对偶问题（原问题）无可行解，反之不然；

（3）设 $\hat{\boldsymbol{X}}$ 是原问题的可行解，$\hat{\boldsymbol{Y}}$ 是对偶问题的可行解，且 $\boldsymbol{C}\cdot\hat{\boldsymbol{X}} = \boldsymbol{Y}\cdot\boldsymbol{b}$，则 $\hat{\boldsymbol{X}}$ 和 $\hat{\boldsymbol{Y}}$ 分别是原问题和对偶问题的最优解；

（4）如果原问题有最优解，则其对偶问题也一定有最优解，且有 $\max z = \min w$.

（三）对偶单纯形法

根据对偶问题的性质和原问题与对偶问题的解之间的关系，原问题的检验数是对偶问题的基解，求解中通过若干步的迭代后，当原问题检验数为对偶问题的基可行解时，也就得到了原问题和对偶问题的最优解，迭代中主要是根据检验数的符号判断是否得到了最优解。

对偶单纯形法的步骤：

（1）根据所给的问题化为标准型，并写出相应的对偶问题。

注：无须引入人工变量，初始解可以不是可行解，在迭代的过程中可逐步靠近可行解，最后得到的可行解，即为最优解。

（2）检验是否得到最优解：检验 b 列数据 $\left(\boldsymbol{B}^{-1}\boldsymbol{b}\right)_i\ (i = 1,2,\cdots,m)$ 和检验数 $\sigma_j\ (j = m+1,\cdots,n)$ 的符号：

如果 $\left(\boldsymbol{B}^{-1}\boldsymbol{b}\right)_i \geqslant 0$，且 $\sigma_j \leqslant 0$，则已得到最优解，停止计算；

如果存在$\left(\boldsymbol{B}^{-1}\boldsymbol{b}\right)_i < 0$且$\sigma_j \leqslant 0$，则进行下一步。

（3）确定换出变量：求$\min\left\{\left(\boldsymbol{B}^{-1}\boldsymbol{b}\right)_i \middle| \left(\boldsymbol{B}^{-1}\boldsymbol{b}\right)_i < 0\right\} = \left(\boldsymbol{B}^{-1}\boldsymbol{b}\right)_t$，对应的基变量$x_l (1 \leqslant l \leqslant m)$为换出变量。

（4）确定换入变量：检查x_l所在的行的各系数$a_{lj} (j = 1,2,\cdots,n)$的符号：如果$a_{lj} \geqslant 0 \quad (j = 1,2,\cdots,n)$，则问题无可行解，停止计算；如果至少存在一个$a_{lj} < 0$，则计算$\theta = \min\limits_j \left\{\frac{\sigma_j}{a_{lj}} \middle| \ a_{lj} < 0\right\} = \frac{\sigma_k}{a_{lk}} (m+1 \leqslant k \leqslant n)$，对应的非基变量$x_k$为换入变量。

（5）以a_{lk}为主元，用初等变换法，将系数矩阵中的k列元与l列元对换（将第k列中除l行元为 1 外，其他都为 0），即得到新的矩阵。

重复上面的步骤（2）～（5），直到得到最优解为止。

对偶单纯形的特点：

（1）原问题的初始解不需要是可行解，因此，不必引进人工变量，使计算简化；

（2）当变量的个数多于约束条件的个数时，用对偶单纯形法可大大减少工作量。因此，当问题的变量个数少，而约束条件的个数多时，可以将问题转化为对偶问题，然后用对偶单纯形法求解；

（3）在对偶单纯形法中，找到一个可行的初始解较困难，因此，一般对偶单纯形法不单独使用，多用于整数规划和灵敏度分析中。

五、线性规划的灵敏度分析

在线性规划模型$\{\max z = \boldsymbol{C} \cdot \boldsymbol{X} | \ \boldsymbol{AX} = \boldsymbol{b}, \boldsymbol{X} \geqslant \boldsymbol{0}\}$中，我们总是假设$\boldsymbol{A}$，$\boldsymbol{b}$，$\boldsymbol{C}$都是常数向量，但在实际中这些数值许多都是由试验或测量得到的试验值和预测值，特别是在迭代计算中也都是近似值，一般A表示工艺条件，b表示资源条件，C表示市场条件，在实际中多种原因都可能引起它们的变化，现在的问题是：这些系数在什么范围内变化时，可以使线性规划问题的最优解不变？这就是灵敏度分析要研究的问题。

（一）市场条件（价值系数）C的变化分析

设C中的第k个元c_k发生变化，即$c_k' = c_k + \Delta c_k$，其他不变，问题是：当c_k在什么范围变化时可以使问题的最优解不变？

（1）若 c_k 是非基变量 x_k 的系数，则对应的检验数为 $\sigma_k = c_k - \boldsymbol{C}_B \boldsymbol{B}^{-1} \boldsymbol{P}_k$，于是 $\sigma_k' = c_k + \Delta c_k - \boldsymbol{C}_B \boldsymbol{B}^{-1} \boldsymbol{P}_k$。当 $\sigma_k' \leqslant 0$，即 $\Delta c_k \leqslant \boldsymbol{C}_B \boldsymbol{B}^{-1} \boldsymbol{P}_k - c_k = \boldsymbol{Y}\boldsymbol{P}_k - c_k$。

（2）若 c_k 是基变量 x_k 的系数，当 c_k 有变化量 Δc_k 时，即 $c_k' = c_k + \Delta c_k$，则 $\boldsymbol{C}_B' = \boldsymbol{C}_B + \Delta \boldsymbol{C}_B, \Delta \boldsymbol{C}_B = (0,0,\cdots,\Delta c_k,\cdots,0)$，其相应的检验数为

$$\begin{aligned}\sigma' &= \boldsymbol{C} - \boldsymbol{C}_B' \boldsymbol{B}^{-1} \boldsymbol{A} = \boldsymbol{C} - \boldsymbol{C}_B \boldsymbol{B}^{-1} \boldsymbol{A} - \Delta \boldsymbol{C}_B \boldsymbol{B}^{-1} \boldsymbol{A} \\ &= \boldsymbol{C} - \boldsymbol{C}_B \boldsymbol{B}^{-1} \boldsymbol{A} - (0,0,\cdots,\Delta c_k,\cdots,0) \cdot \boldsymbol{B}^{-1} \boldsymbol{A},\end{aligned}$$

即

$$\sigma_j' = c_j - \boldsymbol{C}_B \boldsymbol{B}^{-1} \boldsymbol{P}_j - \Delta c_k \bar{a}_{kj} \quad (j = 1,2,\cdots,n).$$

当 $\sigma_j' \leqslant 0$ 时，问题的最优解不变，故有 $c_j - \boldsymbol{C}_B \boldsymbol{B}^{-1} \boldsymbol{P}_j - \Delta c_k \bar{a}_{kj} \leqslant 0$，即 $\sigma_j - \Delta c_k \bar{a}_{kj} \leqslant 0$，于是，当 $\bar{a}_{kj} < 0$ 时，$\Delta c_k \leqslant \dfrac{\sigma_j}{\bar{a}_{ki}} (j = 1,2,\cdots,n)$；当 $\bar{a}_{kj} > 0$. $\Delta c_k \geqslant \dfrac{\sigma_j}{\bar{a}_{kj}} (j = 1\ 2,\cdots,n)$，故 Δc_k 的允许变化范围为

$$\max_j \left\{ \frac{\sigma_j}{\bar{a}_{kj}} \middle| \ \bar{a}_{kj} > 0 \right\} \leqslant \Delta c_k \leqslant \min_j \left\{ \frac{\sigma_j}{\bar{a}_{kj}} \middle| \ \bar{a}_{kj} < 0 \right\}.$$

（二）资源条件 b 的变化分析

设 b 中的第 k 个元 b_k 发生变化，即 $b_k' = b_k + \Delta b_k$，其他系数均不变，则问题的解的变化为 $\boldsymbol{X}_B' = \boldsymbol{B}^{-1}(b + \Delta b), \Delta b = (0,0,\cdots,\Delta b_k,\cdots,0)^{\mathrm{T}}$。

当 $\boldsymbol{X}_B' \geqslant \boldsymbol{0}$ 时，检验数不变，则最优基（最优解对应的基）不变，但最优解的值要发生变化，下面考察 Δb_k 在什么范围变化时，最优解变化不大。

因为新的最优解为 $\boldsymbol{X}_B' = \boldsymbol{B}^{-1}(b + \Delta b) = \boldsymbol{B}^{-1} b + \boldsymbol{B}^{-1} \Delta b$，所以

$$\begin{aligned}\boldsymbol{B}^{-1} \Delta b &= \boldsymbol{B}^{-1} \cdot (0,0,\cdots,\Delta b_k,\cdots,0)^{\mathrm{T}} \\ &= (\bar{a}_{1k} \Delta b_k, \cdots, \bar{a}_{ik} \Delta b_k, \cdots, \bar{a}_{mk} \Delta b_k)^{\mathrm{T}} \\ &= \Delta b_k (\bar{a}_{1k}, \cdots, \bar{a}_{ik}, \cdots, \bar{a}_{mk})^{\mathrm{T}},\end{aligned}$$

则最后求得的 $\boldsymbol{X}_B'$，列元为 $\bar{b}_i + \bar{a}_{ik} \Delta b_k \geqslant 0 \quad (i = 1,2,\cdots,m)$，即 $\bar{a}_{ik} \Delta b_k \geqslant -\bar{b}_i \quad (i = 1,2,\cdots,m)$，其中 $\bar{b}_i$ 为 $B^{-1} b$ 的元。

注：当 $\bar{a}_{ik} > 0$ 时，$\Delta b_k \geqslant -\dfrac{\bar{b}_i}{\bar{a}} (i = 1,2,\cdots,m)$；当 $\bar{a}_{ik} < 0$ 时，$\Delta b_k \leqslant -\dfrac{\bar{b}_i}{\bar{a}_{ik}} (i = 1,2,\cdots,$

m），故 Δb_k 的允许变化范围为

$$\max_i\left\{-\frac{\bar{b}_i}{\bar{a}_{ik}} \mid \bar{a}_{ik}>0\right\} \leqslant \Delta b_k \leqslant \min_i\left\{-\frac{\bar{b}_i}{\bar{a}_{ik}} \mid \bar{a}_{ik}<0\right\}.$$

（三）工艺条件（技术系数）A 的变化分析

设 A 的 l 行 k 列元 a_{lk} 的变化为 Δa_{lk}。

（1）当 a_{lk} 所在的列向量为非基向量时，Δa_{lk} 不影响解的可行性，只要对应的检验数 $\sigma_k' = \sigma_k - \boldsymbol{C}_B\boldsymbol{\beta}_k\Delta a_{lk} \leqslant 0$，则可得 $\boldsymbol{C}_B\boldsymbol{\beta}_k\Delta a_{lk} \geqslant \sigma_k$，其中 $\boldsymbol{B}^{-1}=(\boldsymbol{\beta}_1,\cdots,\boldsymbol{\beta}_k,\cdots,\boldsymbol{\beta}_m)$，于是，当 $\boldsymbol{C}_B\boldsymbol{\beta}_k>0$ 时，$\Delta a_{lk} \geqslant \dfrac{\sigma_k}{\boldsymbol{C}_B\boldsymbol{\beta}_k}$；当 $\boldsymbol{C}_B\boldsymbol{\beta}_k<0$，时 $\Delta a_{lk} \leqslant \dfrac{\sigma_k}{\boldsymbol{C}_B\boldsymbol{\beta}_k}$。

（2）当 a_{lk} 所在的列为基变量时，由于 Δa_{lk} 不仅影响解的可行性，而且会影响解的最优性，情况比较复杂，所以对具体问题只能具体分析了。

第二节　线性规划模型应用

某公司要用镀锡板材料制作易拉罐。这种易拉罐为圆柱形，由三个部分组成，包括上盖、下底及罐身。上盖和下底是直径为 5 cm 的圆形，罐身的高度为 10 cm。该公司有两种镀锡板可以用来制作易拉罐，但是这两种镀锡板的尺寸不同。第一种镀锡板是边长为 24 cm 的正方形，第二种镀锡板是长为 32 cm、宽为 28 cm 的长方形。

每周可生产易拉罐的时间共为 40 h，可以提供 50000 张第一种镀锡板、20000 张第二种镀锡板作为易拉罐生产的原料。已知每生产一个易拉罐可以获得 0.1 元的利润，但是同时会浪费价值 0.001 元 /cm^2 的镀锡板。此外，如果生产工作完成以后，上盖、下底和罐身不符合，也属于余料损失。该公司应该如何安排易拉罐生产？

一、模型假设

①转换生产模式所需的时间可以忽略不计；

②只考虑材料的节省，不考虑实际生产中可能遇到的其他因素；

③每周生产正常进行，排除机器故障、员工问题等因素对生产的影响；

④原料供应充足，不存在缺料现象。

二、符号说明

x_i：模式 1、2、3、4 分别使用的镀锡板的张数；

y_1：完整易拉罐的个数；

y_2：多余罐身的个数；

y_3：多余罐盖（底）的个数；

z：总利润。

三、模型建立

先计算四种不同模式的余料损失，见表 5-3。

表 5-3　不同模式的余料损失

模式	罐身数 / 个	罐底（盖）数 / 个	余料 /cm²
模式 1	1	14	144.031
模式 2	2	5	163.666
模式 3	5	0	110.602
模式 4	4	6	149.872

再根据题意，即总利润最大，建立如下的线性规划模型：

$$\max z = 0.1y_1 - \left(50y_2 + 2.5^2\pi y_3 + 144.031x_1 + 163.666x_2 + 110.602x_3 + 149.872x_4\right)\times 0.001, \tag{5-7}$$

$$\text{s.t.}\begin{cases} x_1 + x_2 \leqslant 50000 \\ x_3 + x_1 \leqslant 20000 \\ 1.5x_1 + 2x_2 + x_3 + 3x_4 \leqslant 144000 \\ y_1 \leqslant x_1 + 2x_2 + 5x_3 + 4x_1 \\ y_1 \leqslant \left(14x_1 + 5x_2 + 6x_1\right)/2 \\ y_2 = x_1 + 2x_2 + 5x_3 + 4x_1 - y_1 \\ y_3 = 14x_1 + 5x_2 + 6x_1 - 2y_1 \\ x_i \geqslant 0, y_1 \geqslant 0, i = 1,2,3,4, j = 1,2,3 \end{cases}$$

需要注意的是，虽然 x_i 和 y_i 应是整数，但是因生产量较大，可以把它们看作实数，用线性规划模型处理。

四、LINGO 程序

```
MODEL：
    MAX = 0.1*y1 - 0.001×50 * y2 + 2.5^2 * y3 * 3.1415926 + 144. 031*
          x1 + 163.666*x2 + 110.602*x3 + 149.872*x4)
          x1 + x2 <= 50000;
          x3 + x4 <= 20000;
          1.5*x1 + 2*x2 + x3 + 3*x4 <= 144000;
          y1 <= x1 + 2*x2 + 5*x3 + 4*x4;
          y1 <= (14*x1 + 5*x2 + 6*x4) / 2;
          y2 = x1 + 2*x2 + 5*x3 + 4*x4 - y1;
          y3 = 14*x1 + 5*x2 + 6*x4 - 2*y1;
END
```

五、求解结果及分析

程序得出的最大利润约为 8508 元，每周的生产安排为：不使用模式 4，使用模式 1 加工约 13636 张镀锡板，使用模式 2 加工约 36363 张镀锡板，使用模式 3 加工约 2000 张镀锡板，共生产约 186363 个易拉罐，多余的罐身和罐盖（底）的个数均为 0。

由于对整数规划模型进行了线性规划近似处理，所以对上述结果还需做进一步的分析。首先，将上述生产安排代入模型式的约束条件后，得出的 y_2, y_3 均为负值，显然不合理。进一步验证可知，当 y_1 =186359 时，y_2 =3，y_3 =1；其次，由于共使用了 49999 张第一种镀锡板，还剩余 1 张，并且时间还没有用完，所以应该把剩余的加工完。考虑到罐身剩余 3 个，罐底剩余 1 个，应按照模式 1 加工最后剩余的镀锡板，这样就可以得到 4 个完整的易拉罐。综上可得，每周的生产安排应为：使用模式加工 113637 张镀锡板，使用模式 2 加工 36363 张镀锡板，使用模式 3 加工 20000 张镀锡板，不使用模式 4，共可生产 186363 个易拉罐，最大利润约为 8508 元，多余的罐身为 0，罐底为 7。

第六章

图论方法及应用

第一节　有关图论的基本概念和结论

一、图的基本概念

（一）图的定义

图（Graph）是一个有序二元组，由非空的顶点集合和一个描述顶点之间关系——边（或者弧）的集合组成，其形式化定义为

$$G=(V,E),$$
$$V=\left\{v_i \mid v_i \in, \text{ELEMSET}\right\},$$
$$E=\left\{\left(v_i,v_j\right) \mid v_i,v_j \in V \wedge P\left(v_i,v_j\right)\right\},$$

其中，G 表示一个图，V 是图 G 中顶点的集合，集合 V 中的 ElemSet 为某个确定的数据对象，E 是图 G 中边的集合，集合 E 中 $P\left(v_i,v_j\right)$ 表示顶点 v_i 和顶点 v_j 之间有一条直接连线，即偶对 $\left(v_i,v_j\right)$ 表示一条边。

（二）无向图

在一个图中，如果任意两个顶点构成的偶对 $\left(v_i,v_j\right)\in E$ 是无序的，即顶点之间的连线是没有方向的，则称该图为无向图。

（三）有向图

在一个图中，如果任意两个顶点构成的偶对$\left(v_i,v_j\right)\in E$是有序的，即顶点之间的连线是有方向的，则称该图为有向图。

（四）顶点、边、弧、弧头、弧尾、孤立点、环、平行边

在一个图中，数据元素v_i称为顶点（vertex），$P\left(v_i,v_j\right)$表示在顶点v_i和顶点v_j之间有一条直接连线，如果是在无向图中，则称这条连线为边；如果是在有向图中，一般称这条连线为弧（或有向边），边用顶点的无序偶对$\left(v_i,v_j\right)$来表示，称顶点v_i和顶点v_j互为邻接点，边$\left(v_i,v_j\right)$依附于顶点v_i与顶点v_j；弧用顶点的有序偶对v_i,v_j来表示，有序偶对的第一个结点v_i称为始点（或弧尾），在图中就是不带箭头的一端；有序偶对的第二个结点v_j称为终点（或弧头），在图中就是带箭头的一端；无边关联的顶点称为孤立点；端点重合的边称为环；若关联一对顶点的边多于一条，则称这些边为平行边（对有向图还要求有向平行边的方向一致）。

（五）n阶图、零图、平凡图、多重图、简单图、定向图

对于图$G=(V,E)$，若$|V|=n,|E|=m$的图称为(n,m)图，也称为n阶图，记为$G=(n,m)$；$(n,0)$图称为零图；$(1,0)$图称为平凡图；具有平行边的图称为多重图；不含环和平行边的图称为简单图；将无向图G的每条边均加上一个方向所得的有向图称为G的定向图。

（六）边的权、网图

与边有关的数据信息称为权（Weight）。在实际应用中，权值可以有某种含义，比如，在一个反映城市交通线路的图中，边上的权值可以表示该条线路的长度或者等级；对于一个电子线路图，边上的权值可以表示两个端点之间的电阻、电流或电压值；对于反映工程进度的图而言，边上的权值可以表示从前一个工程到后一个工程所需要的时间等，边上带权的图称为网图或网络（Network），就是一个无向网图，如果边是有方向的带权图，则就是一个有向网图。

（七）路径、路径长度

顶点 v_p 到顶点 v_q 之间的路径（path）是指顶点序列 $v_p,v_{i1},v_{i2},\cdots,v_{im},v_q$，其中，$(v_p,v_{i1}),(v_{i1},v_{i2}),\cdots,(v_{im},v_q)$ 分别为图中的边，路径上边的数目称为路径长度。

（八）回路、简单路径、简单回路

称 v_i 的路径为回路或者环（cycle），在序列中顶点不重复出现的路径称为简单路径，除第一个顶点与最后一个顶点相同外，其余顶点不重复出现的回路称为简单回路。

（九）子图

对于图 $G=(V,E),G'=(V',E')$，若存在 V' 是 V 的子集，E' 是 E 的子集，则称图 G' 是 G 的一个子图。

（十）连通的、连通图、连通分量

在无向图中，如果从一个顶点 v_i 到另一个顶点 $v_j(i\neq j)$ 有路径，则称顶点 v_i 和 v_j 是连通的，如果图中任意两个顶点都是连通的，则称该图是连通图，无向图的极大连通子图称为连通分量。

（十一）强连通图、强连通分量、弱连通图、同构

对于有向图来说，若图中任意一对顶点 v_i 和 $v_j(i\neq j)$ 均有从一个顶点 v_i 到另一个顶点 v_j 的路径，也有从 v_j 到 v_i 的路径，则称该有向图是强连通图，有向图的极大强连通子图称为强连通分量。

若有向图 G 中的任意两结点间至少有一个结点可达另一个结点，则称 G 是单向连通（简称单连通）的；若 G 的基础图是连通的，则称 G 是弱连通的；否则，称 G 是非连通图。

若两个图的结点之间存在一个保持连接关系的双射，则称为同构，设图 $G=(V,E),G'=(V',E')$，若存在双射函数 $f:V\to V'$，使 f 保持连接关系，即 v_i,v_j 之间的连接关系与 $f(v_i),f(v_j)$ 之间的连接关系完全相同，对有向图还要保持边的方向，多重图要有相同的重数，则称 G 与 G' 同构，记为 $G\cong G'$。

（十二）生成树

所谓连通图 G 的生成树，是 G 包含其全部 n 个顶点的一个极小连通子图，它必定包含且仅包含 G 的 $n-1$ 条边。在生成树中添加任意一条属于原图中的边必定会产生回路，因为新添加的边使其所依附的两个顶点之间有了第二条路径，若生成树中减少任意一条边，则必然成为非连通的。

（十三）生成森林

在非连通图中，由每个连通分量都可得到一个极小连通子图，即一棵生成树，这些连通分量的生成树就组成了一个非连通图的生成森林。

（十四）图的着色

所谓图的着色问题，是指给图的每个顶点（或边，或平面图的平面）着色，要求相邻的顶点（边，或面）具有不同的颜色，且总的颜色数尽可能少。

对于连通简单无向图的着色问题，是指对 G 的每个顶点指定一种颜色，使得相邻的顶点有不同的颜色；若用 k 种颜色给 G 的顶点着色，则称 G 是 k^- 可着色的；若 G 是 k^- 可着色的，但不是 $(k-1)^-$ 可着色的，则称 G 是 k^- 色的或 k^- 色图。

二、顶点的度

（一）顶点的度、入度和出度

在无向图中，顶点的度（Degree）是指依附于（关联于）某顶点 v 的边数，通常记为 $TD(v)$；在有向图中，要区别顶点的入度与出度的概念，顶点 v 的入度是指以顶点为终点的弧的数目，记为 $ID(v)$；顶点 v 的出度是指以顶点 v 为始点的弧的数目，记为 $OD(v)$，有 $TD(v)=ID(v)+OD(v)$（若顶点 v 有环，它对 v 的出度和入度各计为 1）。

例如，在 $G1$ 中有

$$TD(v_1)=2,\quad TD(v_2)=3,\quad TD(v_3)=3,\quad TD(v_4)=3,\quad TD(v_5)=3,$$

在 $G2$ 中有

$$ID(v_1)=1,\quad \mathrm{OD}(v_1)=2,\quad TD(v_1)=3,$$

$$ID(v_2)=1,\quad OD(v_2)=0,\quad TD(v_2)=1,$$
$$ID(v_3)=1,\quad OD(v_3)=1,\quad TD(v_3)=2,$$
$$ID(v_4)=1,\quad OD(v_4)=1,\quad TD(v_4)=2.$$

（二）握手定理

设图 $G=(V,E), V=\{v_1,v_2,\cdots,v_n\}, |E|=m$，则 $2m=\sum_{i=1}^{n}TD(v_i)$，若 G $\sum_{i=1}^{n}ID(v_i)=\sum_{i=1}^{n}OD(v_i)=m$。

（三）无向完全图、有向完全图、k 正则图、稠密图、稀疏图

无向完全图：在一个无向图中，如果任意两个顶点都有一条直接边相连接，则称该图为无向完全图，可以证明，在一个含有 n 个顶点的无向完全图中，有 $n(n-1)/2$ 条边，记为 K_n。

有向完全图：在一个有向图中，如果任意两个顶点之间都有方向相反的两条弧相连接，则称该图为有向完全图。在一个含有 n 个顶点的有向完全图中，有 $n(n-1)$ 条边。

k 正则图：在无向图中，各个顶点的度均为 k 的图称为 k 正则图，如正四面体、正方体、正八面体等均为正则图。

稠密图、稀疏图：若一个图接近完全图，称为稠密图；称边数很少的图为稀疏图。

三、几类重要的图

（一）二部图

定义 6-1　设无向图 $G=(V,E)$，如果存在 V 的一个分划 $\{V_1,V_2\}$，使得 G 的每一条边的两个端点分属 V_1 和 V_2，则称 G 为二部图（或二分图、二元图、偶图），V_1 和 V_2 称为互补结点子集，此时可将 G 记为 $G=(V_1,E,V_2)$。

显然，二分图没有自环，在互补结点子集 V_1 和 V_2 内各结点互不邻接，如果 V_1 的每个结点与 V_2 的每个结点有且仅有一条边相关联，则称 G 为完全二部图，记为 $K_{m,n}$，其中 $m=|V_1|, n=|V_2|$。

定理 6-1　无向图 $G=(V,E)$ 是二部图的充分必要条件是 G 中无长度为奇数的回路。

推论：非平凡树是二部图。

与二部图的概念紧密相关的问题是匹配问题，设 $G=(V_1,E,V_2)$ 是二部图，若 $M\subseteq E$，且 M 中任何两条边均不相邻，则称 M 是 G 的一个匹配；具有最大边数的匹配称为最大匹配；若最大匹配 M 满足 $|M|=\min\{|V_1|,|V_2|\}$，则称 M 是 G 的一个完备匹配，此时若 $|V_1|\leqslant|V_2|$，则称 M 为 V_1 到 V_2 的一个完备匹配；若 $|V_1|=|V_2|=|M|$，则称 M 是 G 的一个完美匹配。

下面给出存在完备匹配的充分必要条件。

定理 6-2（Hall 定理） 设二分图 $G=(V_1,E,V_2)$，$|V_1|\leqslant|V_2|$，则 G 中存在从 V_1 到 V_2 的完备匹配当且仅当 V_1 中任意 k 个结点至少邻接 V_2 中的 k 个结点，$k=1,2,\cdots,|V_1|$。

定理中的条件称为相异性条件，判断一个二分图是否满足相异性条件通常比较复杂，下面给出一个判断二分图是否存在完备匹配的充分条件。对于任何二分图来说，都很容易确定这些条件，因此，在考察相异性之前，应首先试用这个充分条件。

设二分图 $G=(V_1,E,V_2)$，如果

（1）V_1 中每个结点至少关联 t 条边；

（2）V_2 中每个结点至多关联 t 条边；

则 G 中存在从 V_1 到 V_2 的完备匹配，其中 t 为正整数（充分，不必要），定理中的条件通常称为 t 条件。

（二）欧拉图

如果图 G 中具有一条经过所有边的简单回路，称为欧拉回路，含欧拉回路的图称为欧拉图；如果图 G 中具有一条经过所有边的简单（非回路）路径，称为欧拉路。

定理 6-3

（1）连通无向图 G 是欧拉图的充要条件是 G 的每个顶点均为偶顶点（度数为偶数的顶点）；

（2）连通无向图 G 含有欧拉路的充要条件是 G 恰有两个奇顶点（度数为奇数的顶点），且欧拉路必始于一个奇顶点而终止于另一个奇顶点。

从欧拉回路和欧拉路的定义可知，图中的欧拉回路（欧拉路）是经过图中所有边的最短回路（路径）。

（三）哈密顿图

所谓哈密顿回路，起源于一个名叫“周游世界”的游戏，它是由英国数学家哈密顿

（Hamilton）于 1859 年提出的，他用一个正十二面体的 20 个顶点代表 20 个大城市，这个正十二面体同构于一个平面图，要求沿着正十二面体的棱，从一个城市出发，经过每个城市恰好一次，然后回到出发点。这个游戏曾风靡一时，它有若干个解。

定义 6–2　如果图 G 中具有一条经过所有结点的基本回路（称哈密顿回路），则称其为哈密顿图。

虽然哈密顿图判定问题与欧拉图判定问题同样有意义，但遗憾的是至今还没有找到一个判别它的充分必要条件，这是图论中尚未解决的主要问题之一。

（四）平面图

如果无向图 G 有一种画法，使能将图 G 除顶点外的边不相交地画在平面上，则称 G 为平面图。

波兰数学家 Kuratowsky 给出了下面的重要结论：

（1）K_5 与 $K_{3,3}$ 不是平面图。

（2）G 是平面图的充分必要条件是 G 中不含与 K_5 和 $K_{3,3}$ 同胚的子图。

定理 6–4（欧拉公式）　设 G 是连通平面图，则有

$$n-m+k=2,$$

其中，n 为结点数，m 为边数，k 为面数。

推广 若平面图 G 有 n 个结点，m 条边，k 个面和 $\omega(G)$ 个连通分支，则有

$$n-m+k=1+\omega(G).$$

例 1，某中学有 3 个课外小组：英语组（A）、物理组（B）和生物组（C），有 5 名学生 a，b，c，d，e。

（1）已知 a，b 为 A 组成员，a，c，d 为 B 组成员，c，d，e 为 C 组成员；

（2）已知 a 为 A 组成员，b，c，d 为 B 组成员，b，c，d，e 为 C 组成员；

（3）已知 a 为 A 组成员，a 又为 B 组成员，b，c，d，e 为 C 组成员。

问在以上三种情况下，能否各选出 3 名不兼职的组长？

解：根据三种已知情况，分别画出二部图，记

$$V_1=\{A,B,C\},\quad V_2=\{a,b,c,d,e\}.$$

（1）在 G_1 中，V_1 中的每个结点至少关联 2 条边，而 V_2 中每个结点至多关联 2 条边，即满足 t =2 的 t 条件，故存在从 V_1 到 V_2 的完备匹配，图中粗边所示的匹配就是其中的一个。

（2）G_2 不满足 t 条件，但满足相异性条件，因而也存在从 V_1 到 V_2 的完备匹配。

（3）G_3 既不满足 t 条件，又不满足相异性条件，因而不存在完备匹配，故选不出 3 名不兼职的组长来。

四、图的计算机基本操作说明

（1）CreatGraph（G）输入图 G 的顶点和边，建立图 G 的存储。

（2）DestroyGraph（G）释放图 G 占用的存储空间。

（3）GetVex（G，v）在图 G 中找到顶点 v，并返回顶点 v 的相关信息。

（4）PutVex（G，v，value）在图 G 中找到顶点 v，并将 value 值赋给顶点 v。

（5）InsertVex（G，v）在图 G 中增添新顶点 v。

（6）DeleteVex（G，v）在图 G 中，删除顶点 v 以及所有和顶点 v 相关联的边或弧。

（7）InsertArc（G，v，w）在图 G 中增添一条从顶点 v 到顶点 w 的边或弧。

（8）DeleteArc（G，v，w）在图 G 中删除一条从顶点 v 到顶点 w 的边或弧。

（9）DFSTraverse（G，v）在图 G 中，从顶点 v 出发深度优先遍历图 G。

（10）BFSTtaverse（G，v）在图 G 中，从顶点 v 出发广度优先遍历图 G。

在一个图中，顶点是没有先后次序的，但当采用某一种确定的存储方式存储后，存储结构中顶点的存储次序构成了顶点之间的相对次序，这里用顶点在图中的位置表示该顶点的存储顺序；同样的道理，对一个顶点的所有邻接点，采用该顶点的第 i 个邻接点表示与该顶点相邻接的某个顶点的存储顺序，在这种意义下，图的基本操作还有

（11）LocateVex（G，u）在图 G 中找到顶点 u，返回该顶点在图中位置。

（12）FirstAdjVex（G，v）在图 G 中，返回 v 的第一个邻接点，若顶点在 G 中没有邻接顶点，则返回“空”。

（13）NextAdjVex（G，v，w）在图 G 中，返回 v 的（相对于 w 的）下一个邻接顶点。若 w 是 v 的最后一个邻接点，则返回“空”。

第二节　图的计算机存储表示

图的图解表示对于形象直观分析给定图的某些特性时很有用，但是当图的顶点和边数

较大时，这种办法是不切实际的，特别是不方便计算机去处理。图作为一种结构复杂的数据结构，不仅各个顶点的度可以千差万别，而且顶点之间的逻辑关系也错综复杂，从图的定义可知，一个图的信息包括两个部分，即图中顶点的信息及描述顶点之间的关系——边或弧的信息，因此无论采用什么方法建立图的存储结构，都要完整、准确地反映这两个方面的信息，下面介绍几种常用的图的存储结构。

一、邻接矩阵

所谓邻接矩阵（adjacency matrix）的存储结构，就是用一维数组存储图中顶点的信息，用矩阵表示图中各顶点之间的邻接关系，假设图 $G=(V,E)$ 有 n 个确定的顶点，即 $V=\{v_1,v_2,\cdots,v_n\}$，$\boldsymbol{A}$ 则表示 G 中各顶点相邻关系为一个 $n\times n$ 的矩阵，矩阵的元素为

$$\boldsymbol{A}[i][j]=\begin{cases}1,\text{若}\left(w_i,v_j\right)\text{或}v_i,v_j\text{是}E(G)\text{中的边}\\0,\text{若}\left(v_i,v_j\right)\text{或}v_i,v_j\text{不是}E(G)\text{中的边}\end{cases}.$$

若 G 是网图，则邻接矩阵可定义为

$$\boldsymbol{A}[i][j]=\begin{cases}w_{ij},\text{若}\left(v_i,v_j\right)\text{或}v_i,v_j\text{是}E(G)\text{中的边}\\0\text{或}\infty,\text{若}\left(v_i,v_j\right)\text{或}v_i,v_j\text{不是}E(G)\text{中的边}\end{cases}$$

其中，w_{ij} 表示边 $\left(v_i,v_j\right)$ 或 v_i,v_j 上的权值；∞ 表示一个计算机允许的、大于所有边上权值的数。

从图的邻接矩阵存储方法容易看出，这种表示具有以下特点：

（1）无向图的邻接矩阵一定是一个对称矩阵，因此，在具体存放邻接矩阵时只需存放上（或下）三角矩阵的元素即可。

（2）对于无向图，邻接矩阵的第 i 行（或第 i 列）非零元素（或非元素）的个数正好是第 i 个顶点的度 $TD\left(v_i\right)$。

（3）对于有向图，邻接矩阵的第 i 行（或第 i 列）非零元素（或非元素）的个数正好是第 i 个顶点的出度 $OD\left(v_i\right)$ [或入度 $ID\left(v_i\right)$]。

（4）用邻接矩阵方法存储图，很容易确定图中任意两个顶点之间是否有边相连；但是，要确定图中有多少条边，则必须按行、按列对每个元素进行检测，所花费的时间代价很大，这是用邻接矩阵存储图的局限性。

定理 6-5　设 n 阶图 G 的结点集 $V=\{v_1,v_2,\cdots,v_n\}$，$\boldsymbol{A}$ 是 G 的邻接矩阵，则 $\boldsymbol{A}^k$ 中的元

素 $a_{ij}^{(k)}$ 等于 G 中从 v_i 到 v_j 的长度为 k 的路径条数 $(i, j=1,\cdots,n,\ k=1,2,\cdots)$ 。

在用邻接矩阵存储图时，除了用一个二维数组存储用于表示顶点间相邻关系的邻接矩阵，还需用一个一维数组来存储顶点信息，另外还有图的顶点数和边数。

二、邻接表

邻接表（adjacency list）是图的一种顺序存储与链式存储结合的存储方法，就是对于图 G 中的每个顶点 v_i ，将所有邻接于 v_i 的顶点 v_j 链成一个单链表，这个单链表就称为顶点 v_i 的邻接表，再将所有点的邻接表表头放到数组中，就构成了图的邻接表，在邻接表表示中有两种结点结构。

一种是顶点表的结点结构，它由顶点域（vertex）和指向第一条邻接边的指针域（first-edge）构成，另一种是边表（邻接表）结点，它由邻接点域（adjvex）和指向下一条邻接边的指针域（next）构成，对于网图的边表需再增设一个存储边上信息（如权值等）的域（info）。

若无向图中有 n 个顶点、e 条边，则它的邻接表需 n 个头结点和 $2e$ 个表结点。显然，在边稀疏 $(e \ll n(n-1)/2)$ 的情况下，用邻接表表示图比邻接矩阵节省存储空间，当和边相关的信息较多时更是如此。

在无向图的邻接表中，顶点 v_i 的度恰为第 i 个链表中的结点数；而在有向图中，第 i 个链表中的结点个数只是顶点 v_i 的出度，为求入度，必须遍历整个邻接表，在所有链表中其邻接点域的值为 i 的结点的个数是顶点 v_i 的入度。有时，为了便于确定顶点的入度或以顶点 v_i 为头的弧，可以建立一个有向图的逆邻接表，即对每个顶点 v_i 建立一个链接以 v_i 为头的弧的链表。

在建立邻接表或逆邻接表时，若输入的顶点信息即为顶点的编号，则建立邻接表的复杂度为 $O(n+e)$ ，否则，需要通过查找才能得到顶点在图中的位置，则时间复杂度为 $O(n \cdot e)$ 。

在邻接表上容易找到任一顶点的第一个邻接点和下一个邻接点，但要判定任意两个顶点（ v_i 和 v_j ）之间是否有边或弧相连，则需搜索第 i 个或第 j 个链表。因此，不及邻接矩阵方便。

三、十字链表

十字链表（orthogonal list）是有向图的一种存储方法，它实际上是邻接表与逆邻接表的结合，即把每一条边的边结点分别组织到以弧尾顶点为头结点的链表和以弧头顶点为头顶点的链表中。

在弧结点中有五个域，其中尾域（tailvex）和头域（headvex）分别指示弧尾和弧头这两个顶点在图中的位置，链域（headlink）指向弧头相同的下一条弧，链域（taillink）指向弧尾相同的下一条弧，info 域指向该弧的相关信息，弧头相同的弧在同一链表上，弧尾相同的弧也在同一链表上，它们的头结点即为顶点结点，它由三个域组成，其中 ver-tex 域存储和顶点相关的信息，如顶点的名称等；firstin 和 firstout 为两个链域，分别指向以该顶点为弧头或弧尾的第一个弧结点。

在十字链表中既容易找到以 v_i 为尾的弧，也容易找到以 v_i 为头的弧，因而容易求得顶点的出度和入度（或需要，可在建立十字链表的同时求出），同时，建立十字链表的时间复杂度和建立邻接表是相同的，在某些有向图的应用中，十字链表是很有用的工具。

第三节　图论中相关的有效算法

一、图的遍历算法

图的遍历是指从图中的任一顶点出发，对图中的所有顶点访问一次且只访问一次，图的遍历是图的一种基本操作，图的许多其他操作都是建立在遍历操作的基础之上的，由于图结构本身的复杂性，所以图的遍历操作也较复杂，主要表现在以下四个方面：

第一，在图结构中，没有一个“自然”的首结点，图中任意一个顶点都可作为第一个被访问的结点。

第二，在非连通图中，从一个顶点出发，只能够访问它所在的连通分量上的所有顶点。因此，还需考虑如何选取下一个出发点以访问图中其余的连通分量。

第三，在图结构中，如果有回路存在，那么一个顶点被访问之后，有可能沿回路又回到该顶点。

第四，在图结构中，一个顶点可以和其他多个顶点相连，当这样的顶点访问过后，存在如何选取下一个要访问的顶点的问题。

图的遍历通常有深度优先搜索和广度优先搜索两种方式，下面分别介绍。

（一）深度优先搜索

深度优先搜索（Depth First Search，DFS）：假设初始状态是图中所有顶点未曾被访问的，则深度优先搜索可从图中某个顶点 v 出发，访问此顶点，然后依次从 v 的未被访问的邻接点出发深度优先遍历图，直至图中所有和 v 有路径相通的顶点都被访问到；若此时图中尚有顶点未被访问，则另选图中一个未曾被访问的顶点作起始点，重复上述过程，直至图中所有顶点都被访问到为止。

在遍历时，对图中每个顶点至多调用一次 DFS 函数，因为一旦某个顶点被标志成已被访问，就不能再从它出发进行搜索。因此，遍历图的过程实质上是对每个顶点查找其邻接点的过程，其耗费的时间则取决于采用的存储结构，当用二维数组表示邻接矩阵图的存储结构时，查找每个顶点的邻接点所需时间为 $O\left(n^2\right)$，其中 n 为图中顶点数；而当以邻接表作图的存储结构时，找邻接点所需时间为 $O(e)$，其中 e 为无向图中边的数或有向图中弧的数。由此，当以邻接表作存储结构时，深度优先搜索遍历图的时间复杂度为 $O(n+e)$。

（二）广度优先搜索

广度优先搜索（Breadth First Search，BFS），假设从图中某顶点 v 出发，在访问了 v 之后依次访问 v 的各个未曾访问过的点和邻接点，然后分别从这些邻接点出发依次访问它们的邻接点，并使“先被访问的顶点的邻接点”先于“后被访问的顶点的邻接点”被访问，直至图中所有已被访问的顶点的邻接点都被访问到。若此时图中尚有顶点未被访问，则另选图中一个未曾被访问的顶点作起始点，重复上述过程，直至图中所有顶点都被访问到为止。换句话说，广度优先搜索遍历图的过程中以 v 为起始点，由近至远，依次访问和 v 有路径相通且路径长度为 1，2，…的顶点。

每个顶点至多进一次队列，遍历图的过程实质是通过边或弧找邻接点的过程，因此，广度优先搜索遍历图的时间复杂度和深度优先搜索相同，两者不同之处仅仅在于对顶点访问的顺序不同。

二、构造最小生成树的算法

（一）构造最小生成树的 Prim 算法

假设 $G=(V,E)$ 为一网图，其中 V 为网图中所有顶点的集合，E 为网图中所有带权边的集合，设置两个新的集合 U 和 T，其中集合 U 用于存放的最小生成树中的顶点，集合 T 存放 G 的最小生成树中的边，令集合 U 的初值为 $U=\{u_1\}$（假设构造最小生成树时，从顶点 u_1 出发），集合 T 的初值为 $T=\{\}$。Prim 算法的思想是，从所有 $u\in U, v\in V-U$ 的边中，选取具有最小权值的边 (u,v)，将顶点 v 加入集合 U 中，将边 (u,v) 加入集合 T 中，如此不断重复，直到 $U=V$ 时，最小生成树构造完毕，这时集合 T 中包含了最小生成树的所有边。

Prim 算法可用下述过程描述，其中用 w_{ta} 表示顶点 u 与顶点 v 边上的权值，

（1）$U=\{u_1\}, T=\{\};$

（2） while $(U\neq V)$ do

$$(u,v)=\min\{w_{\mathrm{uv}}; u\in U, v\in V-U\},$$
$$T=T+\{(u,v)\},$$
$$U=U+\{v\}.$$

（3）结束。

为实现 Prim 算法，需设置两个辅助一维数组 lowcost 和 closevertex，其中 lowcost 用来保存集合 $V-U$ 中各顶点与集合 U 中各顶点构成的边中具有最小权值的边的权值；数组 closevertex 用来保存依附于该边的在集合 U 中的顶点。假设在初始状态时，$U=\{u_1\}$（u_1 为出发的顶点），这时有 lowcost[0]=0，它表示顶点 u_1 已加入集合 U 中，数组 lowcost 的其他各分量的值是顶点 u_1 到其余各顶点所构成的直接边的权值，然后不断选取权值最小的边 $(u_i,u_k)(u_i\in U, u_k\in V-U)$，每选取一条边，就将 lowcost（$k$）置为 0，表示顶点 u_k 已加入集合 U 中，由于顶点 u_k 从集合 $V-U$ 进入集合 U 后，这两个集合的内容发生了变化，就需依据具体情况更新数组 lowcost 和 closevertex 中部分分量的内容，最后 closevertex 中即为所建立的最小生成树。

当无向网采用二维数组存储的邻接矩阵存储时，Prim 算法的 C 语言实现为 void Prim(int gm[　][MAXNODE]，int n，int closevertex[　]）

在 Prim 算法中，第一个 for 循环的执行次数为 $n-1$，第二个 for 循环中又包括了一个

while 循环和一个 for 循环，执行次数为 $2(n-1)^2$，所以 Prim 算法的时间复杂度为 $O\left(n^2\right)$。

（二）构造最小生成树的 Kruskal 算法

Kruskal 算法是一种按照网中边的权值递增的顺序构造最小生成树的方法，其基本思想是：设无向连通网为 $G=(V,E)$，令 G 的最小生成树为 T，其初态为 $T=(V,\{\})$，即开始时，最小生成树 T 由图 G 中的 n 个顶点构成，顶点之间没有一条边，这样 T 中各顶点各自构成一个连通分量；然后，按照边的权值由小到大的顺序，考察 G 的边集 E 中的各条边，若被考察的边的两个顶点属于 T 的两个不同的连通分量，则将此边作为最小生成树的边加入 T 中，同时把两个连通分量连接为一个连通分量；若被考察边的两个顶点属于同一个连通分量，则舍去此边，以免造成回路，如此下去，当 T 中的连通分量的个数为 1 时，此连通分量便为 G 的一棵最小生成树。

三、求最短路径算法

（一）Dijkstra 算法

1959 年，迪杰斯特拉（Dijkstra）提出的单源问题的算法，该算法至今仍公认是最好的算法，本节先来讨论单源点的最短路径问题。

1. 数学模型

设 $G(V,E,W)$ 是一个加权图，边 (u,v) 的权记为 $\omega(u,v)$，路径 P 的长度定义为路径中边的权之和，记为 $\omega(P)$，两结点 u 和 v 之间的距离 $d(u,v)$ 定义为

$$d(u,v)=\begin{cases}\min\omega(P), P\text{为}u,v\text{间的路径}\\ \infty,\text{当}u\text{到}v\text{不可达}\end{cases}.$$

问题：在加权的简单连通无向图 $G(V,E,W)$ 中，求一顶点 $v\in V$（源点）到其他结点 x 的距离——单源问题，在下面的讨论中假设源点为 v_0。

下面为了解决这一问题，由 Dijkstra 提出的一个按路径长度递增的次序产生最短路径的算法，该算法的基本思想是：设置两个顶点的集合 S 和 T，$T=V-S$，集合 S 中存放已找到最短路径的顶点，集合 T 中存放当前还未找到的最短路径的顶点。初始状态时，集合 S 中只包含源点 v_0，然后不断从集合 T 中选取到顶点 v_0 路径长度最短的顶点 u 加入集合 S 中，集合 S 每加入一个新的顶点 u，都要修改顶点 v_0 到集合 T 中剩余顶点的最短路

径长度值，集合 T 中各顶点新的最短路径长度值为原来的最短路径长度值与顶点 u 的最短路径长度值加上 u 到该顶点的路径长度值中的较小值，不断重复此过程，直到集合 T 的顶点全部加入 S 中为止。

Dijkstra 算法的正确性可以用反证法加以证明，假设下一条最短路径的终点为 x，那么，该路径必然或者是弧 (v_0,x)，或者是中间只经过集合 S 中的顶点而到达顶点 x 的路径，因为假若此路径上除 x 外有一个或一个以上的顶点不在集合 S 中，那么必然存在另外的终点不在 S 中，而路径长度比此路径还短的路径，这与我们按路径长度递增的顺序产生最短路径的前提相矛盾，所以此假设不成立。

2.Dijkstra 算法

算法思想为：

①把 V 分成两个子集 S 和 T，初始时，$S=\{a\},T=V-S$；

②对 T 中每一元素 t 计算 $D(t)$，设 T 中距 a 最短的结点为 x，则 $D(x)=\min\limits_{t\in T}D(t)$，则 $D(x)$ 即为 a 到 x 的距离；

③$S\leftarrow S\cup\{x\},T\leftarrow T-\{x\}$，若 $T=\varnothing$，则停止，否则重复②。

说明：（1）$D(t)$ 表示从 a 到 t 的不含 T 中其他结点的最短路径的长度，但不一定是 a 到 t 的距离，但若 $D(x)=\min\limits_{t\in T}D(t)$，则 $D(x)$ 即为 a 到 x 的距离。

（2）计算 $D(t)$ 的方法：初始时，$D(t)=\omega(a,t)$，$\forall t\in T$，设 $D(x)=\min D(t)$，记 $S'=S\bigcup\{x\},T'=T-\{x\}$，则对 $t\in T'$，有 $D'(t)=\min\{D(t),D(x)+\omega(x,t)$。

如果只希望找到从源点到某一个特定的终点的最短路径，但是，从上面我们求最短路径的原理来看，这个问题和求源点到其他所有顶点的最短路径一样复杂，其时间复杂度也是 $O\left(n^2\right)$。

（二）Floyd 算法

求解有向网图中各对顶点之间的最短路程，显然可以调用 Dijkstra 算法，具体方法是：每次以不同的顶点作为起点，用 Dijkstra 算法求出从该起点到其余顶点的最短路径，反复执行这样的操作，就可得到每对顶点之间的最短路，但这样做需要大量重复计算，效率不高。弗洛伊德（R.W.Floyd）另辟蹊径，提出了比这更好的算法，操作方式与 Dijkstra 算法截然不同。

Floyd 的思想是：直接在图的带权邻接矩阵中用插入顶点的方法依次构造出 n 个矩阵

$\boldsymbol{D}^{(1)},\boldsymbol{D}^{(2)},\cdots,\boldsymbol{D}^{(n)}$，使最后得到的矩阵 $\boldsymbol{D}^{(n)}$ 成为图的距离矩阵，同时求出插入点矩阵以便得到两点间的最短路径，递推公式为

$$\boldsymbol{D}^{(1)}=\left(d_{ij}^{(1)}\right)_n: d_{ij}^{(1)}=\min\left\{d_{ij}^{(0)},d_{i1}^{(0)}+d_{1j}^{(0)}\right\},$$

$$\boldsymbol{D}^{(2)}=\left(d_{ij}^{(2)}\right)_n: d_{ij}^{(2)}=\min\left\{d_{ij}^{(1)},d_{i2}^{(1)}+d_{2j}^{(1)}\right\},$$

$$\boldsymbol{D}^{(n)}=\left(d_{ij}^{(n)}\right)_n: d_{ij}^{(n)}=\min\left\{d_{ij}^{(n-1)},d_{i(n-1)}^{(n-1)}+d_{(n-1)j}^{(n-1)}\right\}.$$

第四节　图论的应用与案例分析

图论及其算法在国内外竞赛中日益得到读者的广泛关注，我们这里首先简单回顾并总结一下中国大学生数学建模竞赛试题与图论的有关情况：1993 年的 B 题为足球队排名问题，主要应用的知识点为图论、层次分析、整数规划；1994 年的 B 题为锁具装箱问题，主要应用的知识点为图论、组合数学；1995 年的 B 题为天车与冶炼炉的作业调度问题，主要应用的知识点为动态规划、排队论、图论；1997 年的 B 题为截断切割的最优排列问题，主要应用的知识点为随机模拟、图论；1998 年的 B 题为灾情巡视的最佳路线问题，主要应用的知识点为图论、组合优化；1999 年的 B 题为钻井布局问题，主要应用的知识点为 0–1 规划、图论；2007 年的 B 题为乘公交看奥运的乘车线路选择问题，主要应用的知识点为多目标规划、图论；2011 年的 B 题为交、巡警服务平台的设置与调度问题，主要应用的知识点 0–1 规划、图论。由此可见，图论及其算法在我们的建模竞赛应用中占据着重要的地位，下面我们通过具体实例介绍其应用。

案例：华南农业大学校园导游系统，该系统为来访的客人提供各种信息查询任务，基本要求：

（1）设计学校的校园平面图，所含景点不少于 10 个，以图中顶点表示校内各景点，存放景点名称、代号、简介信息，以边表示路权，存放路径长度等相关信息。

（2）为来访客人提供图中任意景点相关信息的查询。

（3）为来访客人提供图中任意景点的问路查询，即查询任意两个景点之间的一条最短的简单路径。

1. 案例分析

本设计是校园导航系统，即求两点间的最短路径，其主要算法是 Dijkstra 算法，在此

基础上再加上菜单函数、输出函数、造图函数、查找函数即可。本案例从华南农业大学的平面图中选取 10 个有代表性的景点，抽象成一个无向带权网，以网中顶点表示景点，边上的权值表示两地之间的距离，为用户提供路径咨询，求取任意两点间的最短路径，根据用户指定的始点和终点输出相应路径（用到 output（ ）函数），或者根据用户指定的景点输出景点的信息（用到 search（ ）函数）。

2. 导游系统模块设计

```
void CreatUDN（int v，int a）/ ★造图函数 */
void narrate（ ）/* 说明函数 */
void ShortestPath（int num）/* 最短路径函数 */
void output（int sightl，int sight2）/* 输出函数 */
void search（ ）/* 查询函数 */
char Menu（ ）/* 主菜单 *
char SearchMenu（ ）/* 查询子菜单函数 */
```

3. 校园导游系统详细设计

（1）边、顶点和图的数据结构定义：

```
#define Max 20000
#define NUM 10
typedef struct int adj ;
}ArcCell ;
typedef struct
number ;
char*sight ;
char*info ; }VertexType ;
ArcCell{
/* 相邻接的景点之间的路程 */
/* 定义边的类型 */
VertexType{
/* 定义顶点的类型 */
typedef struct MGraph{VertexType vex[NUM] ;
ArcCell arcs[NUM][NUM] ;
```

```
int vexnum，arcnum ;
}MGraph ;
```

（2）系统实现：

```
void CreateUDN（int v，int
/* 图中的顶点，即为景点 */
/* 图中的边，即为景点间的距离 */
/* 定义图的类型 */
a）/* 创建校园导游图函数 */
{int i，j ;
G.vexnum=v ; /* 初始化结构中的景点数和边数 */
G.arcnum=a ;
for（i=0 ; i < G.vexnum ; ++i）
G.vex[i].number=i ; /* 初始化每一个景点的编号 */
/* 初始化每一个景点名及其景点描述 */
G.vex[0].sight="芷园" ;
G.vex[o].info="师生及工作人员吃饭的地方" ;
G.vex[1].sight="5 号楼" ;
G.vex[1].info="校史馆，毕业照必拍的地方" ;
G.vex[2].sight="树木园" ;
G.vex[2].info="华农之肺，里面长满了密密麻麻的树木" ;
G.vex[3].sight="行政楼" ;
G.vex[3].info="学校领导和老师的办公楼" ;
G.vex[4].sight="图书馆" ;
G.vex[4].info="藏有丰富的书籍供学生和老师参考" ; G.vex[5].sight="三角市" ;
G.vex[5].info="校内商店，方便学生和老师购物" ;
G.vex[6].sight="第三教学楼" ;
G.vex[6].info="教室学生上课、自习的地方" ;
G.vex[7].sight="东区实验楼" ;
G.vex[7].info="学生及科研人员做实验的地方" ;
G.vex[8].sight="学生活动中心" ;
```

G.vex[8].info=“学生业余活动举办各种晚会的场所”；

G.vex[9].sight=“田家炳综合训练场”；

G.vex[9].info=“学生锻炼健身的场所”；

第七章

神经网络的方法及应用

第一节 人工神经网络的基本知识

在介绍如何运用神经网络来解决实际问题之前，我们先了解一下神经网络的基本知识。

一、什么是神经网络

目前，关于人工神经网络的定义尚不统一。例如，美国神经网络学家 Hecht-Nielsen 关于人工神经网络的定义是："神经网络是由多个非常简单的处理单元彼此按某种方式相互连接而形成的计算系统，该系统是靠其状态对外部输入信息的动态响应来处理信息的。"

一般地，我们可以认为："人工神经网络是一种旨在模仿人脑结构及其功能的信息处理系统，是由大量的人工神经元按照一定的拓扑结构广泛互连形成的，并按照一定的学习规则，通过对大量样本数据的学习和训练，把网络掌握'知识'以神经元之间的连接权值和阈值的形式储存下来，利用这些'知识'可以实现某种人脑功能的推理机。"

二、神经网络的三个要素

一个神经网络的特性和功能取决于三个要素：一是构成神经网络的基本单元——神经元；二是神经元之间的连接方式——神经网络的拓扑结构；三是用于神经网络的学习和训练，修正神经元之间的连接权值和阈值的学习规则。

（一）神经元

神经生理学和神经解剖学的研究结果表明，神经元（neuron）是脑组织的基本单元，是人脑信息处理系统的最小单元，因此，模拟生物神经网络应首先模拟生物神经元，神经元主要是由细胞体（cell body）、树突（dendrite）、轴突（axon）和突触（syn-apse，又称神经键）组成。

在人工神经网络中，人工神经元常被称为“处理单元”，有时从网络的观点出发把它称为“节点”，人工神经元是对生物神经元的一种形式化描述，它对生物神经元的信息处理过程进行抽象，并用数学语言予以描述；对生物神经元的结构和功能进行模拟，并用模型图给以表达。

目前，人们提出的神经元模型已有很多，其中最早提出且影响最大的，是 1943 年心理学家 McCulloch 和数学家 W.Pitts 在分析总结神经元基本特性的基础上首先提出的 M-P 模型，该模型经过不断改进后，形成了目前广泛应用的形式神经元模型，关于神经元的信息处理机制，该模型在简化的基础上提出了以下 6 点假定进行了描述：

（1）每个神经元都是一个多输入单输出的信息处理单元；

（2）突触分兴奋性和抑制性两种；

（3）神经元具有空间整合特性和阈值特性；

（4）神经元输入与输出间有固定的时滞，主要取决于突触延搁；

（5）忽略时间整合作用和不应期；

（6）神经元本身是非时变的，即其突触时延和突触强度均为常数。

相应地，人工神经元的数学模型为

$$y_i(t+1)=f\left(x_i\right)=f\left\{\left[\sum_{i=1}^{n}w_{ij}y_j(t)\right]-\theta_i\right\}.$$

如果令 $y_0=-1, w_{i0}=\theta_i$，则有 $-\theta_i=y_0w_{i0}$，上式可写为

$$y_i(t+1)=f\left(x_i\right)=f\left(\sum_{j=0}^{n}w_{ij}y_j(t)\right).$$

若令 $\boldsymbol{W}_j=\left(w_{i0},w_{i1},w_{i2},\cdots,w_{in}\right)^{\mathrm{T}}$，$\boldsymbol{X}=\left[y_0(t),y_1(t),y_2(t),\cdots,y_n(t)\right]^{\mathrm{T}}$，可进一步写成

$$y_i(t+1)=f\left(x_i\right)=f\left(\boldsymbol{W}_i^{\mathrm{T}}\boldsymbol{X}\right).$$

通过以上对人工神经元模型的分析，我们知道神经元中的激发函数（activation function）决定了神经元的特性，常用的激发函数，也叫转移函数（transfer function）或信号函数（signal function），有以下几种：

（1）二值阈值函数（binary threshold function）

$$f(x)=\begin{cases}1, & x\geqslant 0\\ 0, & x<0\end{cases};$$

（2）双极阈值函数（bipolar threshold function）

$$f(x)=\begin{cases}1, & x\geqslant 0\\ -1, & x<0\end{cases};$$

（3）线性函数（linear function）

$$f(x)=kx;$$

（4）线性阈值函数（linear threshold function）

$$f(x)=\begin{cases}0, & x\leqslant 0\\ \alpha x, & 0<x<x_0\\ 1, & x\geqslant x_0\end{cases};$$

（5）Sigmoid 函数

$$f(x)=\frac{1}{1+\mathrm{e}^{-\lambda x}};$$

（6）双曲正切函数（hyperbolic tangent function）

$$f(x)=\tanh(\lambda x)=\frac{1-\mathrm{e}^{-\lambda x}}{1+\mathrm{e}^{-\lambda x}};$$

（7）高斯函数（Gaussian）

$$f(x)=\mathrm{e}^{-(x-c)^2/2\sigma^2};$$

（8）随机函数（stochastic）

$$f(x)=\begin{cases}+1, & \text{概率 } P(x)\\ -1, & \text{概率 } 1-P(x)\end{cases}.$$

（二）神经网络的拓扑结构

单个的人工神经元的功能是简单的，只有通过一定的拓扑结构将大量的人工神经元广泛连接起来，组成庞大的人工神经网络，才能实现对复杂信息的处理与存储，并表现出各种优越的特性。根据神经元之间连接的拓扑结构上的不同，可将神经网络结构分为两大类，即层次型拓扑结构和互连型拓扑结构。

1. 层次型拓扑结构

层次型拓扑结构的神经网络将神经元按功能分为若干层，一般有输入层、中间层和输出层，各层顺序连接。输入层接受外部的输入信号，并由各输入单元传递给直接相连的中间层各单元，中间层是网络的内部处理单元层，与外部没有直接连接，神经网络所具有的模式变换能力，如模式分类、模式完善、特征提取等，主要是在中间层进行的，根据处理功能的不同，中间层可以有多层也可以没有，由于中间层单元不直接与外部输入输出打交道，故常将神经网络的中间层称为隐含层，输出层是网络输出运行结果并与显示设备或执行机构相连接的部分。

2. 互连型拓扑结构

互连型拓扑结构的神经网络是指网络中任意两个单元之间都是可以相互连接的，例如，Hopfield 网络、Boltzmann 机模型结构均属于此类型。

（三）神经网络的学习规则（算法）

一般认为，生物神经网络的所有功能（包括记忆）都存储在神经元和它们之间的联系当中，学习可以看成神经元之间新连接的建立或对现有连接的修正。为此，神经元按一定的拓扑结构连接成神经网络后，还必须通过一定的学习规则或算法，对神经元之间的连接权值和阈值进行修正和更新。

神经网络的学习算法或规则有很多，根据一种被广泛采用的分类方法，可将神经网络的学习算法或规则分为三类：第一类是有导师学习，第二类是无导师学习，第三类是死记式学习。

有导师学习也称为有监督学习，这种学习模式采用的是纠错规则。在学习训练的过程中需要不断给网络提供一个输入模式和一个期望网络正确输出的模式，这种模式称为“教师信号”。将神经网络的实际输出同期望输出进行比较，当网络的输出与期望的输出不符时，根据差错的方向和大小按一定的规则调整连接权值和阈值，以使下一次网络的输出更接近期望结果。对于有导师学习的模式，网络必须在能执行工作任务之前先学习，当网络对于各种给定的输入均能产生所期望的输出时，即认为网络已经在导师的训练下“学会”了训练数据中包含的知识规则，可以用来工作。

无导师学习也称为无监督学习。在学习过程中，需要不断地给网络提供动态输入信息，网络才能根据特有的内部结构和学习规则，在输入信息流中发现任何可能存在的模式和规律，同时能根据网络的功能和输入信息调整连接权值，这个过程称为网络的自组织，其结果是使网络能对属于同一类的模式进行自动分类。在这种学习模式中，网络的权值调整不取决于外来教师信号的影响，可以认为网络的学习评价标准隐含于网络的内部。

应该指出的是，在有导师学习中，提供给神经网络学习的外部指导信息越多，神经网络学会并掌握的知识就越多，解决问题的能力也就越强。但是，有时神经网络所解决的问题的先验信息很少或没有，在这种情况下，无导师学习就显得更有实际意义了。

死记式学习是指将网络事先设计成能记忆特定的例子的模式，以后当给定有关该例子的信息输入时，例子便被回忆起来，死记式学习中的网络权值一旦设计好了就不再变动，因此学习是一次性的，而不是一个训练过程。

网络的运行一般分为训练和工作两个阶段，训练的目的是从训练数据中提取隐含的知识和规律，并存储于网络中供工作阶段使用。

可以认为，一个神经元是一个自适应单元，其权值可以根据它所接收的输入信号、它的输出信号及对应的监督信号进行调整，日本著名神经网络学者 Amari 于 1990 年提出了一种神经网络权值调整的通用学习规则即权向量在 t 时刻的调整量与学习信号和 t 时刻的输入量的乘积成正比。

1. Hebb 学习规则

Hebb 学习规则是由 Donall Hebb 根据生理学中的条件反射机理，于 1949 年提出的神经元连接强度变化的规则，如果两个神经元同时兴奋（同时被激活），则它们之间的突触连接加强。

在 Hebb 学习规则中，学习信号简单地等于神经元的输出

$$r = f\left(\boldsymbol{W}_j^{\mathrm{T}} \boldsymbol{X}\right),$$

权向量的调整公式为

$$\Delta \boldsymbol{W}_j = \eta f\left(\boldsymbol{W}_j^{\mathrm{T}} \boldsymbol{X}\right) \boldsymbol{X},$$

在权向量中，每个分量的调整由下式确定

$$\Delta w_{ij} = \eta f\left(\boldsymbol{W}_j^{\mathrm{T}} \boldsymbol{X}\right) x_i = \eta r x_i, \quad i = 0, 1, \cdots, n.$$

上式表明，权值调整量与输入输出的乘积成正比，显然，经常出现的输入模式将对权向量有最大的影响。

Hebb 学习规则代表一种纯前馈、无导师学习的学习规则，该规则至今仍在各种神经网络模型中起着重要作用。

2. δ（delta）学习规则

假设下列为误差准则函数：

$$E=\frac{1}{2}\sum_{p=1}^{P}\left(d_p-y_p\right)^2=\sum_{p=1}^{P}E_p .$$

其中，d_p 代表网络的期望输出（教师信号）；$y_p=f\left(\boldsymbol{W}\boldsymbol{X}_p\right)$ 为网络的实际输出，$\boldsymbol{W}$ 是网络的所有权值组成的向量

$$\boldsymbol{W}=\left(w_0,w_1,\cdots,w_n\right)^{\mathrm{T}},$$

$\boldsymbol{X}_p$ 为输入模式：

$$\boldsymbol{X}_p=\left(x_{p0},x_{p1},\cdots,x_{pn}\right)^{\mathrm{T}},$$

训练样本数 $p=1,2,\cdots,P$.

现在的问题是如何调整权值 $\boldsymbol{W}$，使准则函数最小，可用梯度下降法来求解，其基本思想是沿着 E 的负梯度方向不断修正 $\boldsymbol{W}$ 值，直到 E 达到最小，这种方法的数学表达式为

$$\Delta\boldsymbol{W}=\eta\left(-\frac{\partial E}{\partial \boldsymbol{W}}\right),\quad \frac{\partial E}{\partial \boldsymbol{W}}=\sum_{p=1}^{P}\frac{\partial E_p}{\partial \boldsymbol{W}},$$

其中

$$E_p=\frac{1}{2}\left(d_p-y_p\right)^2,$$

用 θ_p 表示 $\boldsymbol{W}\boldsymbol{X}_p$，则有

$$\frac{\partial E_p}{\partial \boldsymbol{W}}=\frac{\partial E_p}{\partial \theta_p}\frac{\partial \theta_p}{\partial W}=\frac{\partial E_p}{\partial y_p}\frac{\partial y_p}{\partial \theta_p}X_p=-\left(d_p-y_p\right)\cdot f'\left(\theta_p\right)\cdot X_p .$$

$\boldsymbol{W}$ 的修正规则为

$$\Delta\boldsymbol{W}=\eta\sum_{p=1}^{P}\left(d_p-y_p\right)f'\left(\theta_p\right)\cdot X_p .$$

上式称为 δ 学习规则，又称误差修正规则，定义误差传播函数 δ 为

$$\delta=\frac{\partial E_p}{\partial \theta_p}=-\frac{\partial E_p}{\partial y_p}\frac{\partial y_p}{\partial \theta_p} .$$

δ 学习规则实现了 E 中的梯度下降，因此使误差函数达到极小值，但 δ 学习规则只适用于线性可分函数，无法用于多层网络，BP 网络的学习算法称为 BP 算法，是在 δ 学习规则的基础上发展起来的，可在多层网络上进行有效的学习。

3.Widrow-Hoff 学习规则

1962 年，Bernard Widrow 和 Marcian Hoff 提出了 Widrow-Hoff 学习规则，又称最小均方规则（LMS），Widrow-Hoff 学习规则的学习信号为

$$r = d - \boldsymbol{W}_j^{\mathrm{T}}\boldsymbol{X},$$

权向量调整量为

$$\Delta \boldsymbol{W}_j = \eta\left(d - \boldsymbol{W}_j^{\mathrm{T}}\boldsymbol{X}\right)\boldsymbol{X}.$$

这种学习规则不需要对转移函数求导数，不仅学习速度快，而且具有较高的精度，权值可以初始化为任意值。

4. 概率式学习

从统计力学、分子力学和概率论中关于系统稳态能量的标准出发，进行神经网络学习的方式称为概率式学习，神经网络处于某一状态的概率主要取决于在此状态下的能量，能量越低，概率越大。同时，此概率还取决于温度参数 T，T 越大，不同状态下出现概率的差异便越小，较容易跳出能量的局部极小点而到全局的极小点；T 越小，情形则相反。概率式学习的典型代表是 Boltzmann 机学习规则，它是基于模拟退火的统计优化方法，因此又称模拟退火算法。

Boltzmann 机模型是一个包括输入、输出和隐含层的多层网络，但隐含层间存在互连结构且网络层次不明显，对于这种网络的训练过程，就是根据规则

$$\Delta w_{ij} = \eta\left(p_{ij} - p_{ij}'\right)$$

对神经元i,j间的连接权值进行调整的过程。式中，η 为学习速率；p_{ij} 表示网络受到学习样本的约束且系统达到平衡状态时第i个和第j个神经元同时为 1 的概率；p_{ij}' 表示系统为自由运转状态且达到平衡状态时，第i个和第j个神经元同时为 1 的概率。

调整权值的原则是：当 $p_{ij} > p_{ij}'$ 时，权值增加，否则权值就会减少，这种权值调整公式称为 Boltzmann 机学习规则，即

$$w_{ij}(k+1) = w_{ij}(k) + \eta\left(p_{ij} - p_{ij}'\right), \quad \eta > 0,$$

当$\left|p_{ij} - p_{ij}'\right|$小于一定容限时，学习结束。

由于模拟退火过程要求高温度使系统达到平衡状态，而冷却（退火）过程又必须缓慢地进行，否则容易达到局部最小值而结束，所以在这种学习规则下的收敛速度较慢。

5.Winner-Take-All 学习规则

Winner-Take-All（胜者为王）学习规则是一种竞争学习规则，用于无导师学习。一般

将网络的某一层确定为竞争层，对于一个特定的输入 $\boldsymbol{X}$，竞争层的所有 p 个神经元均有输出响应，其中响应值最大的神经元为在竞争中获胜的神经元，即

$$\boldsymbol{W}_m^{\mathrm{T}}\boldsymbol{X}=\max_{i=1,2,\cdots,p}\left(\boldsymbol{W}_i^{\mathrm{T}}\boldsymbol{X}\right).$$

只有获胜神经元才有权调整其权向量 $\boldsymbol{W}_m$，调整量为

$$\Delta\boldsymbol{W}_m=\alpha\left(\boldsymbol{X}-\boldsymbol{W}_m\right),\tag{7-1}$$

式中，$\alpha\in(0,1]$，是学习常数，一般其值随着学习的进展而减小。由于两个向量的点积越大，表明两者越近似，所以调整获胜神经元权值的结果是使 $\boldsymbol{W}_m$ 进一步接近当前输入值 $\boldsymbol{X}$。显然，当下次出现与 $\boldsymbol{X}$ 相像的输入模式时，上次获胜的神经元才更容易获胜，在反复的竞争学习过程中，竞争层的各神经元对应的权向量被逐渐调整为输入样本空间的聚类中心。

6.Outstar 学习规则

Outstar 学习规则属于有导师学习，其目的是生成一个期望的 m 维输出向量 d，设对应的外星权向量为 $\boldsymbol{W}_j$，则学习规则如下：

$$\Delta\boldsymbol{W}_j=\eta\left(\boldsymbol{d}-\boldsymbol{W}_j\right),\tag{7-2}$$

式中，η 的规定与式（7-1）中的 α 相同，正像式（7-1）给出的内星学习规则使节点 j 对应的内星权向量向输入向量 $\boldsymbol{X}$ 靠近一样，式（7-2）给出的 outstar 学习规则使节点 j 对应的外星权向量向期望输出向量 $\boldsymbol{d}$ 靠近。

以上介绍的是神经网络常用的几种学习规则或算法，有些规则之间存在着内在联系，在实际应用中，有的神经网络同时使用两种以上的学习方法。

第二节　数学建模中常用的神经网络

在数学建模中，常用的神经网络主要有两种：一种是基于误差反传算法的前馈神经网络，即 BP 神经网络（Back Propagation），主要用来实现非线性映射和预测等；另一种是自组织特征映射（Self-Organizing Feature Map，SOM）神经网络，主要用来聚类、模式分类和模式识别等。

一、BP 神经网络

（一）BP 算法的基本思想

BP 学习算法的基本思想是，学习过程由信号的正向传播与误差的反向传播两个过程组成。正向传播时，输入样本从输入层传入，经各隐含层逐层处理后，传向输出层，若输出层的实际输出与期望输出（教师信号）不符，则转入误差的反向传播阶段，误差反传是将输出误差以某种形式通过隐含层向输入层逐层反传，并将误差分摊给各层的所有单元，从而获得各层单元的误差信号，此误差信号即作为修正各单元权值的依据，这种信号正向传播和误差反向传播的各层权值的调整过程，是周而复始地进行的；权值不断调整的过程，也就是网络的学习过程，此过程一直进行到网络输出的误差减少到可接受的程度，或进行到预先设定的学习次数为止。

（二）BP 神经网络模型

基于误差反传算法的前馈神经网络，即 BP 网络，是迄今为止应用最广泛的神经网络。在多层前馈网的应用中，以单隐层网络的应用最为普遍，一般习惯将单隐层前馈网络称为三层前馈网或三层感知器；所谓三层，包括输入层、隐含层和输出层。

在三层前馈网中，输入向量为

$$\boldsymbol{X}=\left(x_1,x_2,\cdots,x_i,\cdots,x_n\right)^{\mathrm{T}},$$

如加入 $x_0=-1$，可为隐含层神经元引入阈值；隐含层输出向量为

$$\boldsymbol{Y}=\left(y_1,y_2,\cdots,y_j,\cdots,y_m\right)^{\mathrm{T}},$$

输出层输出向量为

$$\boldsymbol{O}=\left(o_1,o_2,\cdots,o_k,\cdots,o_l\right)^{\mathrm{T}},$$

输出层期望输出向量为

$$\boldsymbol{D}=\left(d_1,d_2,\cdots,d_k,\cdots,d_l\right)^{\mathrm{T}},$$

输入层到隐含层之间的权值矩阵用 $\boldsymbol{V}$ 表示，

$$\boldsymbol{V}=\left(\boldsymbol{V}_1,\boldsymbol{V}_2,\cdots,\boldsymbol{V}_j,\cdots,\boldsymbol{V}_m\right).$$

其中，列向量 $\boldsymbol{V}_j$ 为隐层第 j 个神经元对应的权向量；隐含层到输出层之间的权值矩阵用 $\boldsymbol{W}$ 表示，即

$$\boldsymbol{W}=\left(\boldsymbol{W}_1,\boldsymbol{W}_2,\cdots,\boldsymbol{W}_k,\cdots,\boldsymbol{W}_l\right).$$

其中，列向量$\boldsymbol{W}_k$为输出层第k个神经元对应的权向量，下面分析各层信号之间的数学关系。

对于输出层，有

$$o_k=f\left(\text{net}_k\right),\quad k=1,2,\cdots,l,\tag{7-3}$$

$$\text{net}_k=\sum_{i=0}w_{jk}y_j,\quad k=1,2,\cdots,l.\tag{7-4}$$

对于隐含层，有

$$y_j=f\left(\text{net}_j\right),\quad j=1,2,\cdots,m,\tag{7-5}$$

$$\text{net}_j=\sum_{i=0}^{n}v_{ij}x_i,\quad j=1,2,\cdots,m.\tag{7-6}$$

以上两式中，转移函数均为单极性 Sigmoid 函数

$$f(x)=\frac{1}{1+\mathrm{e}^{-x}}.\tag{7-7}$$

$f(x)$具有连续、可导的特点，且有

$$f'(x)=f(x)[1-f(x)].\tag{7-8}$$

根据应用的需要，也可以采用双极性 Sigmoid 函数（或双曲正切函数）

$$f(x)=\frac{1-\mathrm{e}^{-x}}{1+\mathrm{e}^{-x}}.$$

式（7–3）~式（7–7）共同构成了三层前馈网的数学模型。

（三）BP 学习算法

下面以三层前馈网为例介绍 BP 学习算法，并将结论推广到一般多层前馈网的情况。当网络输出与期望输出不等时，存在输出误差E，定义如下：

$$E=\frac{1}{2}(\boldsymbol{D}-\boldsymbol{O})^2=\frac{1}{2}\sum_{k=1}^{l}\left(d_k-o_k\right)^2.\tag{7-9}$$

将以上误差定义式展开至隐含层，有

$$E=\frac{1}{2}\sum_{k=1}^{l}\left[d_k-f\left(\text{net}_k\right)\right]^2=\frac{1}{2}\sum_{k=1}^{l}\left[d_k-f\left(\sum_{j=0}^{m}w_{jk}y_j\right)\right]^2;\tag{7-10}$$

进一步展开至输入层，有

$$E=\frac{1}{2}\sum_{k=1}^{l}\left\{d_k-f\left[\sum_{i=0}^{m}w_{jk}f\left(\text{net}_j\right)\right]\right\}^2=\frac{1}{2}\sum_{h=1}^{l}\left\{d_k-f\left[\sum_{i=0}^{m}w_{jk}f\left(\sum_{i=0}^{n}v_{ij}x_i\right)\right]\right\}^2 .\quad(7\text{–}11)$$

由式（7–11）可以看到，网络输出误差是各层权值 w_{jk},v_{ij} 的函数，因此调整权值可改变误差 E。

显然，调整权值应遵循的原则是误差不断地减小，因此应使权值的调整量与误差的梯度下降成正比，即

$$\begin{cases}\Delta w_{jk}=-\eta\dfrac{\partial E}{\partial w_{jk}}, & j=0,1,2,\cdots,m;k=1,2,\cdots,l\\ \Delta v_{ij}=-\eta\dfrac{\partial E}{\partial\cdots}, & i=0,1,2,\cdots,n;j=1,2,\cdots,m\end{cases},\quad(7\text{–}12)$$

式中，负号表示梯度下降，常数 $\eta\in(0,1)$ 表示比例系数，它反映了训练速率，可以看出 BP 算法属于 δ 学习规则，这类算法常被称为误差的梯度下降（Gradient Descent）算法。

式（7–12）仅是对权值调整思路的数学表达，而不是具体的权值调整式。下面推导三层 BP 算法权值调整的计算式，事先约定，在全部推导过程中，对输出层均有 $j=0,1,\ 2,\cdots,m;k=1,2,\cdots,l$；对隐层均有 $i=0,1,2,\cdots,n;j=0,1,2,\cdots,m$。

1. 隐层到输出层之间权系数的调整

权系数的修正公式为

$$\Delta w_{jk}=-\eta\frac{\partial E}{\partial w_{jk}}=-\eta\frac{\partial E}{\partial\,\text{net}_k}\cdot\frac{\partial\,\text{net}_k}{\partial w_{jk}} .\quad(7\text{–}13)$$

定义输出层的反传误差信号 δ_k 为

$$\delta_k=-\frac{\partial E}{\partial\,\text{net}_k}=-\frac{\partial E}{\partial o_k}\frac{\text{d}(o_k)}{\text{d}(\text{net}_k)}=-\frac{\partial E}{\partial o_k}\frac{\text{d}\left[f(\text{net}_k)\right]}{\text{dnet}_k}=(\text{d}_k-o_k)\cdot f'(\text{net}_k).$$

由式（7–8）可得

$$\delta_k=-\frac{\partial E}{\partial\,\text{net}_k}=(d_k-o_k)\cdot f(\text{net}_k)\left[1-f(\text{net}_k)\right],$$

即

$$\delta_k=-\frac{\partial E}{\partial\,\text{net}_k}=(d_k-o_k)\cdot o_k(1-o_k) .\quad(7\text{–}14)$$

又由式（7–4）知

$$\frac{\partial \text{ net }_k}{\partial w_{jk}}=\frac{\partial\left[\sum_{j=0}^{m} w_{jk} y_j\right]}{\partial w_{jk}}=y_j,$$

综合 δ_k 的定义、式（7–13）和式（7–14）可得，隐含层到输出层之间的神经元权系数的修正公式为

$$\Delta w_{jk}=-\eta \frac{\partial E}{\partial \text{ net }_k} \cdot \frac{\partial \text{ net }_k}{\partial w_{jk}}=\eta \delta_k y_j \tag{7–15}$$

或

$$\Delta w_{jk}=\eta\left(d_k-o_k\right) \cdot o_k\left(1-o_k\right) y_j . \tag{7–16}$$

2. 输入层到隐层之间的权系数的调整

计算权系数的变化量为

$$\begin{aligned}
\Delta v_{ij} & =-\eta \frac{\partial E}{\partial v_{ij}}=-\eta \frac{\partial E}{\partial \text{ net }_j} \frac{\partial \text{ net }_j}{\partial v_{ij}}=-\eta \frac{\partial E}{\partial \text{ net }_j} x_i \\
& =\eta\left(-\frac{\partial E}{\partial v_i} \frac{\partial y_j}{\partial \text{ net }_i}\right) x_i=\eta\left(-\frac{\partial E}{\partial v_i}\right) f'\left(\text{ net }_j\right) x_i \\
& =\eta \delta_j x_i,
\end{aligned} \tag{7–17}$$

其中，$\delta_j=-\eta \frac{\partial E}{\partial \text{ net }_j}=-\frac{\partial E}{\partial y_j} f'\left(\text{ net }_j\right)$ 是输入层与隐含层之间的反传误差信号，式（7–17）中的 $\frac{\partial E}{\partial y_j}$ 不能直接计算，而是需要通过其他间接量进行计算，即

$$\begin{aligned}
-\frac{\partial E}{\partial y_j} & =-\sum_{k=1}^{l} \frac{\partial E}{\partial \text{ net }_k} \frac{\partial \text{ net }_k}{\partial y_j}=\sum_{k=1}^{l}\left(-\frac{\partial E}{\partial \text{ net }_k}\right) \frac{\partial\left(\sum_{j=0}^{m} w_{jk} y_j\right)}{\partial y_j} \\
& =\sum_{k=1}^{l}\left(-\frac{\partial E}{\partial \text{net}_k}\right) w_{jk}=\sum_{k=1}^{l} \delta_k w_{jk} .
\end{aligned}$$

将上式代入式（7–17）中，得到输入层到隐含层之间的权值的修正公式为

$$\Delta v_{ij}=\eta \delta_j x_i=\eta\left[-\frac{\partial E}{\partial y_j} f'\left(\text{ net }_j\right)\right] x_i=\eta\left[\left(\sum_{k=1}^{l} \delta_k w_{jk}\right) y_j\left(1-y_j\right)\right] x_i$$

或

$$\Delta v_{ij}=\eta\left(\sum_{k=1}^{l}\delta_k w_{jk}\right)y_j\left(1-y_j\right)x_i. \tag{7-18}$$

对于一般多层前馈网，设共有 h 个隐含层，按前向顺序各隐层节点数分别记为 m_1，$m_2,\cdots,m_h$，各隐含层输出分别记为 $y^1,y^2,\cdots,y^h$，各层权值矩阵分别记为 $\boldsymbol{W}^1,\boldsymbol{W}^2,\cdots,\ \boldsymbol{W}^h,\boldsymbol{W}^{h+1}$，则可得各层权值调整计算公式。

输出层

$$\Delta w_{jk}^{h+1}=\eta\delta_k^{v_k+1}y_j^h=\eta\left(d_k-o_k\right)\cdot o_k\left(1-o_k\right)y_j^h, \tag{7-19}$$

其中 $i=0,1,2,\cdots,m_{h-1};j=1,2,\cdots,m_h$。

第 h 隐含层

$$\Delta w_{ij}^h=\eta\phi_j^h y_i^{h-1}=\eta\left(\sum_{k=1}^{l}\delta_k w_{jk}^{h+1}\right)y_j^h\left(1-y_j^h\right)y_i^{h-1}, \tag{7-20}$$

其中 $i=0,1,2,\cdots,m_{h-1};j=1,2,\cdots,m_h$。

按以上规律逐层类推，则第一隐层权值调整计算公式为

$$\Delta w_{ij}^1=\eta\hat{p}_j^1 x_i=\eta\left(\sum^{m_2}\delta_k^2 w_{jk}^2\right)y_j^1\left(1-y_j^1\right)x_i, \tag{7-21}$$

其中 $i=0,1,2,\cdots,m;j=1,2,\cdots,m_1$。

容易看出，在 BP 学习算法中，各层权值调整公式在形式上都一样的，均由 3 个因素决定，即学习率 η、本层输出的误差信号 δ 及本层输入信号 Y（或 X），其中输出层误差信号同网络的期望输出与实际输出之差有关，直接反映了输出误差，而各隐层的误差信号与前面各层的误差信号都有关，是从输出层开始反传过来的。

（四）BP 学习算法的程序实现

BP 学习算法的编程步骤为：

（1）初始化，置所有权值为较小的随机数；

（2）提供训练集，给定输入向量 $\boldsymbol{X}=\left(x_1,\ x_2,\cdots,x_M\right)$ 和期望的目标输出向量 $\boldsymbol{D}=\left(d_0\ d_1,\cdots,d_L\right)$；

（3）计算实际输出，按式（7–3）和式（7–5）计算隐含层、输出层各神经元输出；

（4）按式（7–9）计算目标值与实际输出的偏差 E；

（5）按式（7–16）计算 $\text{Ä}w_{jk}$；

（6）按式（7-18）计算 $\ddot{A}v_{ij}$；

（7）返回式（7-2）重复计算，直到误差 E 满足要求为止。

在使用 BP 算法时，应注意的两个问题是：

（1）在学习开始时，各隐含层连接权系数的初值应设置为较小的随机数较为适宜。

（2）学习速率 η 的选择，在学习开始阶段，η 选较大的值可以加快学习速度，学习接近优化区时，η 值必须相当小，否则权系数将产生振荡而不收敛。

二、自组织特征映射神经网络

自组织特征映射（SOM）网络是由芬兰 Helsink 大学的 T.Kohonen 教授于 1981 年提出的一种自组织神经网络，又称 Kohonen 网 .Kohonen 认为，一个神经网络接受外界输入模式时，将会分为不同的对应区域，各区域对输入模式具有不同的响应特征，而且这个过程是自动完成的，自组织特征映射正是根据这一看法提出来的，其特点与人脑的自组织特性相类似，它可以自动地向环境学习，主要用于语言识别、图像压缩、机器人控制、优化问题等领域。

（一）SOM 网络结构与运行原理

SOM 网络共有两层，输入层神经元数与样本维数相等，输出层为竞争层，神经元的排列呈一维线阵、二维平面阵和三维栅格阵等多种形式。

输出层按一维阵列组织的 SOM 网络是最简单的自组织神经网络，输出层只标出相邻神经元间的侧向连接，输出层按二维平面组织是 SOM 网络最典型的组织方式，输出层的每个神经元同周围的神经元侧向连接，排列成棋盘状平面。

SOM 网络的运行分训练和工作两个阶段。在训练阶段，对于网络随机输入训练集中的样本，输出层将因某个神经元产生最大响应而获胜，获胜神经元周围的神经元因侧向相互兴奋作用也产生了较大响应，于是将获胜神经元及其邻域内的有神经元连接的权向量均向输入向量方向作不同程度的调整，调整力度依邻域内各神经元距获胜神经元的远近而逐渐衰减，网络通过自组织方式，用大量训练样本调整网络的权值，最后使输出层各神经元对应的内星权向量成为各输入模式类的中心向量，而且可在输出层形成反映样本模式类分布的特征图。

SOM 网络训练结束后，输出层各神经元与各输入模式类的特定关系就完全确定了，因此可用作模式分类器，当输入一个模式时，网络输出层代表该模式类的特定神经元将产生最大响应，从而将该输入自动归类。

（二）SOM 网络的学习算法

SOM 网络的学习算法称为 Kohonen 算法，主要步骤如下：

（1）初始化，对输出层各权值向量赋小随机数并进行归一化处理，得到 $\hat{W}_i, j = 1,2,\cdots,m$，建立初始优胜邻域 $N_j \cdot (0)$，学习率 η 赋初始值。

（2）输入模式，从训练集中随机选取一个输入模式并进行归一化处理，得到 $\hat{X}^p, p \in \{1,2,\cdots,P\}$。

（3）寻找获胜神经元，计算 $\hat{X}^p$ 与 $\hat{W}_j$ 的点积，$j=1,2,\cdots,m$，点积最大的为获胜神经元 j；如果输入模式未经过归一化处理，则 $\hat{X}^p$ 与 $\hat{W}_j$ 的欧氏距离最小的为获胜神经元。

（4）定义权值调整域 $N_j \cdot (t)$，以 j^* 为中心确定 t 时刻的权值调整域，一般初始邻域 $N_j \cdot (0)$ 较大，在训练过程中，$N_j \cdot (t)$ 随训练时间逐渐收缩。

（5）调整权值对调整域 $N_j \cdot (t)$ 内的所有神经元调整权值

$$w_{ij}(t+1) = w_{ij}(t) + \eta(t,N)\left[x_i^p - w_{ij}(t)\right], \quad i=1,2,\cdots,n, j \in N_{j^*}(t), \tag{7-22}$$

式中，$\eta(t,N)$ 是训练时间 t 和邻域内第 j 个神经元与获胜神经元 j^* 之间的拓扑距离 N 的函数，该函数一般有以下规律

$$t\uparrow \to \eta\downarrow, \quad N\uparrow \to \eta\downarrow.$$

很多函数都能满足以上规律，例如，构造如下函数

$$\eta(t,N) = \eta(t)\mathrm{e}^{-t}, \tag{7-23}$$

式中，$\eta(t)$ 可采用 t 的单调下降函数。

（6）结束检查，SOM 网络的训练何时结束是以学习率是否衰减到零，或某个预订的充分小的正数为条件的，不满足结束条件则回到步骤 2。

（三）SOM 网络的功能特点

SOM 网络的功能特点之一是保序映射，即能将输入空间的样本模式类有序地映射在输出层上。

SOM 网络的功能特点之二是数据压缩。数据压缩是指将高维空间的样本在保持拓扑结构不变的条件下映射到低维空间，在这方面，SOM 网络具有明显的优势，无论输入样本空间是多少维的，其模式样本都可以在 SOM 网络输出层的某个区域得到响应，SOM 网络经过训练后，在高维空间相近的输入样本，其输出层响应神经元的位置也接近，因此对于任

意 n 维输入空间的样本，均可通过映射到 SOM 网络的一维或二维输出层上完成数据压缩。

SOM 网络的功能特点之三是特征抽取。从特征抽取的角度看高维空间样本向低维空间的映射，SOM 网络的输出层相当于低维特征空间；在高维模式空间，很多模式的分布具有复杂的结构，以数据观察的方式很难发现其内在的规律，当通过 SOM 网络映射到低维输出空间后，其规律往往一目了然，因此这种映射就是一种特征抽取，高维空间的向量经过特征抽取后可以在低维特征空间更加清晰的表达。因此，映射的意义不仅仅是单纯的数据压缩，更是一种规律发现。

第三节　神经网络的 MATLAB 实现

虽然神经网络有着广泛的实用性和强大的问题解决的能力，但是它也存在一些缺陷，比如，神经网络的建立就是一个不断尝试的过程，以 BP 网络为例，网络的层数及每一层节点的个数都是需要不断地尝试来改进的，同样对于神经网络的学习过程来说，固然已经有了很多已经成形的学习算法，但这些算法在数序计算上都比较复杂，过程也比较烦琐，容易出错。因此，采用计算机辅助进行神经网络设计与分析就成为必然的选择。

目前已经有一些比较成熟的神经网络软件包，其中，应用最为广泛的软件包就是 MATLAB 的神经网络工具箱，神经网络工具箱是在 MATLAB 环境下开发出来的众多工具箱之一，它以人工神经网络理论为基础，利用 MATLAB 编程语言，构造出许多典型神经网络的框架和相关的函数，这些工具函数主要分为两大部分：一部分函数是特别针对某一种类型的神经网络的，如感知器的创建函数、BP 网络的训练函数等；另一部分函数则是通用的，几乎可以用于所有类型的神经网络，如神经网络的仿真函数、初始化函数和训练函数等。这些函数的 MATLAB 实现，使得设计者对所选定网络进行计算的过程，转变为对函数的调用和参数的选择，这样一来，网络的设计者可以根据自己的需要调用工具箱中关于神经网络设计与训练的程序，使自己能够从烦琐的编程中解脱出来，集中精力思考和解决问题，从而提高效率和质量。

本节主要介绍一些 MATLAB 神经网络工具箱中的通用函数，以及数学建模中常用的两种网络的设计与分析函数，即 BP 网络的设计与分析函数和自组织特征映射网络的设计与分析函数。

一、MATLAB 神经网络工具箱的通用函数

（一）神经网络的建立函数

函数功能：建立一个自定义神经网络对象。

调用格式：

net=network

net=network（numInputs，numLayers，biasConnect，inputConnect，layerConnect，outputConnect，targetConnect）

参数说明：

（1）numInputs——定义神经网络输入的个数，可以设为 0 或正整数，默认值是 0，需要注意的是，该参数定义了网络输入矢量的总个数，而不是单个输入矢量的维数；

（2）numLayers——定义神经网络的层数，可以设为 0 或正整数，默认值为 0；

（3）biasConnect——定义神经网络每层是否具有阈值，是一个 $N\times1$ 维的布尔向量矩阵，默认值是零向量，其中 N 为神经网络的层数，（net.numLayers）。biasConnect（i）为 1，表示第 i 层上的神经元具有阈值，为 0 则表示该层没有阈值；

（4）inputConnect——定义神经网络的输入层，是一个 $N\times N$ 维的布尔向量矩阵，其中 N 为网络的层数，N 为网络的输入个数（net.numInputs）。net.inputConnect（i，j）为 1，表示第 i 层上的每个神经元都要接收网络的第 j 个输入矢量，为 0 则表示不接收该输入；

（5）layerConnect——定义网络各层的连接情况，是一个 $N\times N$ 维的布尔向量矩阵，其中 N 为网络的层数。layerConnect（i，j）为 1，表示第 i 层与第 j 层上的神经元相连，为 0 则表示它们不相连；

（6）outputConnect——定义神经网络输出层，是一个 $1\times N$ 维的布尔向量矩阵，其中 N 为网络的层数，net.outputConnect（i）为 1，表示第 i 层神经元将产生网络的输出，为 0 则表示该层不产生输出；

（7）targetConnect——定义神经网络的目标层，即网络哪些层的输出具有目标矢量，是一个 $1\times N$ 维的布尔向量矩阵，其中 N 为网络的层数，net.targetConnect（i）为 1，表示第 i 层神经元产生的输出具有目标矢量，为 0 则表示该层输出不具有目标矢量。

（二）神经网络的输入函数

1.netsum

功能：netsum 函数是一个输入求和函数，它通过将某一层的加权输入和阈值相加作为该层的输入。

调用格式：

N=netsum（Z1，Z2，…）

df=netsum（'deriv'）

参数说明：

Zi（i=1，2，3，…）——第 i 个输入，它的数目可以是任意个；

df=netsum（'deriv'）——返回的是 netsum 的微分函数 dnetsum。

2.netprod

功能：netprod 与 netsum 的计算框架类似，不过该函数是输入求积函数，它将某一层的权值和阈值相乘作为该层的输入。

调用格式：

N=netprod（Z1，Z2，…）

df=netprod（'deriv'）

参数说明：

Zi（i=1，2，3，…）——第 i 个输入，它的数目可以是任意个；

df=netprod（'deriv'）——返回的是 netsum 的微分函数 dnetsum。

3.concur

功能：concur 使得本来不一致的权值向量和阈值向量的结构一致，以便于进行相加或相乘运算。

调用格式：

concur（b，q）

参数说明：

b——$N_i \times 1$ 维的权值向量；

q——要达到一致化所需要的长度。

返回值为一个已经一致化了的矩阵。

由此可以看出，netsum 和 netprod 的运算规则就是将权值和阈值向量中对应的元素相加和相乘，同时显示了函数 concur 的运行机理，即修正后的矩阵就是由向量的副本组合而成的。

（三）神经网络的传递函数

1.hardlim

名称：硬限幅传递函数。

调用格式：

A=hardlim（N）

INFO=hardlim（CODE）

说明：硬限幅传递函数 hardlim 把函数输入向量 $\boldsymbol{N}$ 中各元素的取值强迫限制为 1 或 0，当输入大于或等于 0 时，神经元的输出为 1，否则输出为 0。

2.hardlims

名称：对称硬限幅传递函数。

调用格式：

A=hardlims（N）

INFO=hardlim（CODE）

说明：对称硬限幅传递函数 hardlims 把函数输入向量 $\boldsymbol{N}$ 中各元素的取值强迫限制为 1 或 -1，当输入大于或等于 0 时，神经元的输出为 1，否则输出为 -1。

3.radbas

名称：高斯径向基传递函数。

调用格式：

A=radbas（N）

INFO=radbas（CODE）

说明：高斯径向基传递函数的计算公式用 MATLAB 语句表示为 $a=\text{radbas}(n)=\exp\left(-n\hat{}2\right)$。

4.poslin

名称：正线性传递函数。

调用格式：

A=poslin（N）

INFO=poslin（CODE）

说明：对于输入向量N中的正元素或零，正线性传递函数按照原始数值输出；对于负元素，函数输出为0。

5.purelin

名称：纯线性传递函数。

调用格式：

A=purelin（N）

INFO=purelin（CODE）

说明：纯线性传递函数 purelin 将输入向量N中的正元素或零按照原始数值输出。

6.satlin

名称：饱和线性传递函数。

调用格式：

A=satlin（N）

INFO=satlin（CODE）

说明：饱和线性传递函数把输入向量N中位于[0，1]区间内的元素按照原始数值输出；对于负元素，输出为0；对于大于1的元素，输出为1。

7.satlins

名称：对称饱和线性传递函数。

调用格式：

A=satlins（N）

INFO=satlins（CODE）

说明：对称饱和线性传递函数 satlins 把输入向量N中位于[–1，1]区间内的元素按照原始数值输出；对于小于–1的元素，输出为–1；对于大于1的元素，输出为1。

8.logsig

名称：对数 Sigmoid 传递函数。

调用格式：

A=logsig（N）

INFO=logsig（CODE）

说明：对数 Sigmoid 传递函数的计算公式用 MATLAB 语句表示为

logsig（n）=1/（1+exp（–n））.

（四）神经网络的初始化函数

1.init

功能：用于对神经网络进行初始化。

调用格式：

NET=init（net）

参数说明：

net——待初始化的神经网络；

NET——函数返回值，表示已经初始化后的神经网络；

NET是net经过一定的初始化修正而成的，修正后前者的权值和阈值都发生了变化。

2.initlay

功能：用于层—层结构的神经网络的初始化。

调用格式：

net=initlay（net）

info=initlay（code）

参数说明：

net——待初始化的神经网络；

NET——函数返回值，表示已经初始化后的神经网络；

info=initlay（code）——根据不同的code代码返回不同的信息，包括pnames——初始化参数的名称；

pdefaults——默认的初始化参数。

通过指定神经网络每一层i的初始化函数NET.layers{i}来调用该函数，初始化后的神经网络的每一层都得到了修正。

3.initnw

功能：一个层初始化函数，它按照Nguyen-Widrow准则对某层的权值和阈值进行初始化。

调用格式：

NET=initnw（net，i）

参数说明：

net——待初始化的神经网络；

i——层次索引；

NET——函数返回值，表示已经初始化后的神经网络。

4.initwb

功能：一个层初始化函数，它按照设定的每层的初始化函数对每层的权值和阈值进行初始化。

调用格式：

NET=initwb（net，i）

参数说明：

net——待初始化的神经网络；

i——层次索引；

NET——初始化后的神经网络。

（五）神经网络训练及学习函数

1.train

功能：用于对神经网络进行训练。

调用格式：

[net，tr，Y，E，Pf，Af]=train（NET，P，T，Pi，Ai）

[net，tr，Y，E，Pf，Af]=train（NET，P，T，Pi，Ai，VV，TV）

参数说明：

NET——待训练的神经网络；

net——函数返回值，训练后的神经网络；

P——网络的输入信号；

tr——函数返回值，训练记录（包括步数和性能）；

T——网络目标，默认为 0；

Pi——初始输入延迟，默认为 0；

Y——函数返回值，神经网络输出；

Ai——初始层延迟，默认为 0；

E——函数返回值，神经网络误差；

VV——网络结构确认向量，默认为空；

Pf——函数返回值，最终输入延迟；

TV——网络结构测试向量，默认为空；

Af——函数返回值，最终层延迟。

需要指出的是，参数 T 是可选择的，只有当需要明确神经网络的目标时，才调用该参数，同样，Pi 和 Af 也是可选择的，它们只用于存在输入延迟和层延迟的场合，VV 和 TV 也是可选择的，而且它们除了采用空矩阵，只能从以下范围中取值：

VV.P/TV.P——确认 / 测试输入信号；

VV.T/TV.T——确认 / 测试目标，默认为 0；

VV.Pi/TV.Pi——确认 / 测试初始的输入延迟，默认为 0；

VV.Ai/TV.Ai——确认 / 测试层确认延迟，默认为 0。

应该说明的是，在调用函数 train 对网络进行训练之前，需要首先设定实际的训练函数，如 trainlm 或 traingdx 等，然后使用该函数调用相应的算法对网络进行训练，也就是说，函数 train 只是调用设定的或者默认的训练函数对网络进行训练。

2.trainb

功能：用于对神经网络权值和阈值的训练。

调用格式：

[net，TR，Ac，El]=trainb（net，Pd，Tl，Ai，Q，TS，VV，TV）

info=trainb（code）

参数说明：

net——待训练的神经网络；

Tl——层目标；

Pd——已延迟的输入信号；

Ai——初始的输入；

Q——批量；

TS——时间步长；

VV——确认向量或者为空矩阵；

TV——测试向量或者为空矩阵；

NET——函数返回值，训练后的神经网络；

TR——函数返回值，每一步的训练记录，包括以下内容：

TR.epoch——仿真步数；

TR.perf——训练性能；

TR.vperf——确认性能；

TR.tperf——测试性能；

Ac——训练停止后，聚合层的输出；

El——训练停止后的层误差。

3.learngd

功能：梯度下降权值和阈值学习函数。

调用格式：

[dw，Ls]=learngd（W，P，Z，N，A，T，E，gW，gA，D，LP，LS）

[db，Ls]=learngd（b，ones（1，Q），Z，N，A，T，E，gW，gA，D，LP，LS）

info=learngd（code）

函数说明：

learngd 函数采用梯度下降方法对权值和阈值进行调整，即权值和阈值的调整量 dW 为学习率 Ir 和梯度 gW 的乘积，dW（i，j）=Ir*gW（i，j）。

4.learngdm

功能：动量梯度下降权值和阈值学习函数。

调用格式：

[dW，Ls]=learngdm（W，P，Z，N，A，T，E，gW，gA，D，LP，LS）

[db，Ls]=learngdm（b，ones（1，Q），Z，N，A，T，E，gW，gA，D，LP，LS）info=learngdm（code）

函数说明：

learngdm 函数采用动量梯度下降方法对权值和阈值进行调整，即权值和阈值的调整值 dW 由动量因子 mc、前一次学习时的调整量 dWprev、学习速率 Ir 和梯度 gW 共同确定，dW（i，j）=mc*dWprev（i，j）+（1-mc）*1r*gW（i，j）。

函数调用时各输入量和返回量的含义参见函数 learngd，其中前一次学习时的权值及阈值调整量 dWprev 存储在学习状态参数 LS.dw 中，learngdm 函数的学习参数包括：

LP.Ir——学习速率，缺省值为 0.01；

LP.mc——动量常数，缺省值为 0.9。

5.adapt

功能：使得神经网络能够自适应。

调用格式：

[net，Y，E，Pf，Af，tr]=adapt（NET，P，T，Pi，Ai）

函数说明：

NET——未适应的神经网络；

Pi——初始输入延迟，默认为 0；

P——网络输入；

Ai——初始层延迟，默认为 0；

T——网络目标，默认为 0；

通过设定自适应的参数 net.adaptParam 和自适应的函数 net.adaptFunc 可调用该函数，并返回如下参数：

net——自适应后的神经网络；

Pf——最终输入延迟；

Y——网络输出；

Af——最终层延迟；

E——网络误差；

tr——训练记录（步数和性能）。

应该指出的是，参数 T 是可选的，并且只用于必须指明网络目标的场合。同样，Pi 和 Pf 也是可选择的，它们只用于存在输入延迟和层延迟的网络。

6.revert

功能：用于将更新后的权值和阈值恢复到最后一次初始化的值。

调用格式：

net=revert（net）

函数说明：

如果网络结构发生了变化，也就是说，如果网络的权值和阈值之间的连接关系，以及输入、每层的长度都与原来的网络结构有所不同，那么该函数无法将权值和阈值恢复到原来的值，在这种情况下，函数将权值和阈值都设置为 0。

（六）神经网络的仿真函数 sim

功能：对于神经网络进行仿真。

调用格式：

[Y，Pf，Af，E，perf]=sim（net，P，Pi，Ai，T）

[Y，Pf，Af，E，perf]=sim（net，{QTS}，Pi，Ai，T）

[Y，Pf，Af，E，perf]=sim（net，Q，Pi，Ai，T）

参数说明：

net——待仿真的神经网络；

P——网络输入；

Pi——初始输入延迟，默认为0；

Ai——初始层延迟，默认为0；

T——网络目标，默认为0；

Y——函数的返回值，网络输出；

Pf——函数的返回值，最终输出延迟；

Af——函数的返回值，最终的层延迟；

E——函数的返回值，网络误差；

perf——函数的返回值，网络性能。

Pi，Ai，Pf和Af是可选择的，它们只用于存在输入延迟和层延迟的网络。

函数中用到的信号参数采取了两种不同的形式进行表示，分别为单元阵列和矩阵的形式，其中单元阵列能够方便地对多输入、多输出的神经网络进行描述，信号参数为单元阵列下的输入/输出形式为：

P——Ni×TS维的单元阵列，每个元素P{i，ts}都是一个Ri×Q的矩阵；

Pi——Ni×ID维的单元阵列，每个元素P{i，k}都是一个Ri×Q的矩阵；

Ai——NI×LD维的单元阵列，每个元素Ai{i，k}都是一个Si×Q的矩阵；

T——NtXTS维的单元阵列，每个元素P{i，s}都是一个Vi×Q的矩阵；

Y——No×TS维的单元阵列，每个元素Y{i，ts}都是一个Ui×Q的矩阵；

Pf——Ni×ID的单元阵列，每个元素Pf{i，k}都是一个Ri×Q的矩阵；

Af——NIXLD维的单元阵列，每个元素Af{i，k}都是一个Si×Q的矩阵；

E——Nt×TS维的单元阵列，每个元素P{i，ts}都是一个Vi×Q的矩阵，其中

Ni——神经网络输入的数目；

Nl——神经元层次的数目；

No——神经元输出的数目；

ID——输入延迟的数目；

LD——层次延迟的数目

TS——时间步长的数目；

Q——批量；

Ri——第 *i* 个输入的长度；

Si——第 *i* 层的长度；

Ui——第 *i* 个输出的长度；

P{i，k}——第 *i* 个输入在 ts=k-ID 时刻的状态；

Pf{i，k}——第 *i* 个输入在 ts=TS+k-ID 时刻的状态；

Ai{i，k}——某层输出 *i* 在 ts=k-LD 时刻的状态；

Af{i，k}——某层输出 *i* 在 ts=TS+k—LD 时刻的状态。

矩阵的形式只用于仿真的时间步长 TS=1 的场合，它适用于单输入 / 单输出的网络，但也同样适用于多输入 / 多输出的网络。在矩阵形式下，每个矩阵都是由对应的单元阵列中的元素组合而成的，其中

P——Ri 的总和 ×Q 维矩阵；

Pi——Ri 的总和 ×（ID*Q）维矩阵；

Ai——Si 的总和 ×（LD*Q）维矩阵；

T——Vi 的总和 ×Q 维矩阵。

（七）神经网络的其他重要函数

Y——Ui 的总和 ×Q 维矩阵；

Pf——Ri 的总和 ×（ID*Q）维矩阵；

Af——Si 的总和 ×（LD*Q）维矩阵；

E——Vi 的总和 ×Q 维矩阵。

1.dotprod

功能：用于对权值求点积，它求得的权值与输入之间的点积作为加权输入。

调用格式：

Z=dotprod（W，P）

df=dotprod（‘deriv’）

函数说明：在第一种调用格式中，***W*** 为权值矩阵，***P*** 为该层网络的输入矢量，函数返回内积矩阵为 ***Z***；在第二种调用格式中，d*f* 为返回函数的导数。

2.normprod

功能：规则化内积加权函数。

调用格式

Z=normprod（W，P）

df=normprod（‘deriv’）

函数说明：normprod 函数用于计算两矢量之间的规则化内积，其计算公式为 $z=w*p/sum(p)$，其中，$\boldsymbol{w}$为权值矢量，$\boldsymbol{P}$为输入矢量，z 为规则化内积。

二、BP 神经网络的 MATLAB 实现

（一）BP 神经网络的结构

1.BP 神经元模型

一个基本的 BP 神经元模型，与其他神经元模型相比不同的是，BP 神经元模型中的传递函数 f 通常可以取可微的单调递增函数，如对数 Sigmoid 函数 logsig、正切 Sigmoid 函数 tansig 和线性函数 purelin 等。

BP 神经网络最后一层神经元的特性决定了整个神经网络的输出特性，当最后一层神经元采用 Sigmoid 型函数时，那么整个网络的输出就被限制在一个较小的范围内；如果最后一层神经元采用 purelin 型函数，则整个网络的输出可以取任意值。

2.BP 神经网络的结构

BP 神经网络通常采用基于 BP 神经元的多层前向神经网络的结构形式。

BP 神经网络通常具有一个或多个隐含层，其中，隐含层神经元通常采用 Sigmoid 型传递函数，而输出层神经元则采用 purelin 型传递函数。

（二）BP 神经网络的设计

1.BP 神经网络的生成及初始化

采用 newff 函数来生成 BP 神经网络，newff 函数的常用格式如下：

net=newff（PR，[S1 S2⋯SN]，{TF1 TF2⋯TFN}，BTF，BLF，PF）

其中，$\boldsymbol{PR}$为 R×2 维矩阵，表示$\boldsymbol{R}$维输入矢量中每维输入的最小值与最大值之间的范围；若神经网络具有 N 层，则 $[S_1\ S_2\ \cdots\ S_N]$ 中各元素分别表示各层神经元的数目；$\{TF_1$

$TF_2 \cdots TF_N\}$ 中各元素分别表示各层神经元采用的传递函数；BTF 表示神经网络训练时所使用的训练函数，默认值为 trainlm；BLF 表示 BP 网络权值和阈值所使用的学习函数，默认值为 learngdm；PF 表示神经网络的性能函数，默认值为 mse。

2.BP 神经网络的学习规则

BP 神经网络的学习规则，即权值和阈值的调节规则采用的是误差反向传播算法（BP 算法），BP 算法实际上是 Widrow-Hoff 算法在多层前向神经网络中的推广，和 Widrow-Hoff 算法类似。在 BP 算法中，网络的权值和阈值通常是沿着网络误差变化的负梯度方向进行调节的，最终使网络误差达到极小值或最小值，即在这一点误差梯度为零。

局限于梯度下降算法的固有缺陷，标准的 BP 学习算法通常具有收敛速度慢、易陷入局部极小值等缺点，因此出现了许多改进的算法，我们将在下面对这些算法进行介绍。

3.BP 神经网络的训练和仿真

在 BP 神经网络生成和初始化以后，即可利用现有的"输入—目标"样本矢量数据对网络进行训练，BP 神经网络的训练通常采用 train 函数来完成。针对不同的问题，在训练前有必要对网络的训练参数 net，trainParam 进行适当的设置。

在设置完训练参数之后，就可以调用 train 函数对 BP 神经网络进行训练了，train 函数的常用格式如下：

[net，tr]=train（net，***P***，***T***）

其中，***P*** 为输入样本矢量集；***T*** 为对应的目标样本矢量集；等号右、左两侧的 net 分别用于表示训练前、训练后的神经网络对象；tr 为存储训练过程中的步数信息和误差信息。在训练过程中，训练函数会根据设定的 net.trainParam.show 值自动显示当前训练结果的信息，并给出网络误差实时变化曲线，当训练步数大于 net.trainParam.epochs、训练误差小于 net.trainParam.goal、训练时间超过 net.trainParam.time、或误差梯度值小于 net.trainParam.min grad 时，训练都将被自动终止，并返回训练后的神经网络对象。

为了提高神经网络的训练效率，在某些情况下需要对"输入—目标"样本集数据作必要的预处理，如利用 premnmx 或 prestd 函数可以对输入和目标数据集进行归一化处理，使其落入 [-1，1] 区间；利用 prepca 函数可以对输入样本集进行主成分分析，以减小输入各样本矢量间的相关性，从而达到降维的目的。

利用 sim 函数可以对训练后的网络进行仿真，此外，神经网络工具箱还提供了 postreg 函数，该函数可以对训练后网络的实际输出（仿真输出）和目标输出作线性回归分析，以检验神经网络的训练效果。

（三）BP 神经网络的快速学习算法与选择

为了克服常规 BP 学习算法的缺陷，MATLAB 神经网络工具箱对常规 BP 算法进行了改进，并提供了一系列快速学习算法，以满足解决不同问题的需要。

快速 BP 算法从改进途径上可以分为两大类：一类是采用启发式学习方法，如引入动量因子的学习算法（traingdm 函数）、变学习速率的学习算法（traingda 函数）和“弹性”学习算法（trainrp 函数）等；另一类则是采用更有效的数值优化方法，如共轭梯度学习算法（包括 traincgf，traincgb，trainscg 等函数）、quasi-Newton 算法（包括 train-bfg，trainoss 等函数），以及 Levenberg-Marquardt 优化方法（trainlm 函数）等。

对于不同的问题，在选择学习算法对 BP 神经网络进行训练时，不仅要考虑算法本身的性能，还要视问题的复杂度、样本集的大小、网络规模、网络误差目标和所要解决的问题类型（判断其属于“函数拟合”还是“模式分类”问题）而定。

（四）BP 神经网络泛化能力的提高

泛化能力（generalization）是衡量神经网络性能好坏的重要标志，一个“过度训练”（overfitting）的神经网络可能会对训练样本集达到较高的匹配效果，但对于一个新的输入样本矢量却可能产生与目标矢量差别较大的输出，即神经网络不具有或具有较差的泛化能力，MATLAB 神经网络工具箱给出了两种用于提高神经网络泛化能力的方法，即正则化方法（regularization）和提前停止（early stopping）方法，下面分别对这两种方法进行介绍：

1. 正则化方法

在训练样本集大小一定的情况下，网络的泛化能力与网络的规模直接相关，如果神经网络的规模远远小于训练样本集的大小，则发生“过度训练”的可能性就很小，但是对于特定的问题，确定合适的网络规模（通常指隐含层神经元数目）往往是一件十分困难的事情。正则化方法是通过修正神经网络的训练性能函数来提高其泛化能力的。一般情况下，神经网络的训练性能函数采用均方误差函数 mse，即

$$\text{mse}=\frac{1}{N}\sum_{i=1}^{N}\left(e_i\right)^2=\frac{1}{N}\sum_{i=1}^{N}\left(t_i-a_i\right)^2,$$

在正则化方法中，网络性能函数经改进变为如下形式：

$$msereg=\gamma\cdot mse+(1-\gamma)\cdot msw,$$

其中，γ 为比例系数，msw 为所有网络权值平方和的平均值，即

$$\text{msw} = \frac{1}{n}\sum_{j=1}^{N} w_j^2.$$

可见，通过采用新的性能指标函数，可以保证网络训练误差在尽可能小的情况下使网络具有较小的权值，即使得网络的有效权值尽可能少，这实际上相当于自动缩小了网络的规模。

常规的正则化方法通常很难确定比例系数 γ 的大小，而贝叶斯正则化方法可以在网络训练过程中自适应地调节 γ 的大小，并使其达到最优。在 MATLAB 工具箱中，贝叶斯正则化方法是通过 trainbr 函数来实现的。实践证明，采用 trainbr 函数训练后的 BP 神经网络具有较好的泛化能力，但值得注意的是，该算法只适用于小规模网络的函数拟合或逼近问题，不适用于解决模式分类问题，而且其收敛速度一般比较慢。

2. 提前停止

"提前停止"是提高神经网络泛化能力的另一种有效方法，在该方法中，训练样本集在训练之前需要被划分为训练集、验证集或测试集，其中测试集可选择，训练集用于对神经网络进行训练，验证集在用于神经网络训练的同时监控网络的训练进程，在训练初始阶段，验证集形成的验证误差通常会随着网络训练误差的减小而减小。但是当网络开始进入"过度训练"时，验证误差就会逐渐增大，当验证误差增大到一定程度时，网络训练会提前停止，这时训练函数会返回当验证误差取最小值时的网络对象，测试集形成的测试误差在网络训练时未被使用，但它可以用来评价网络训练结果和样本集划分的合理性，若测试误差与验证误差分别达到最小值时的训练步数差别很大，或者两者曲线的变化趋势差别较大，则说明样本集的划分不是很合理，需要重新划分。

"提前停止"方法和任何一种 BP 算法结合起来使用，其缺点是需要对样本集进行划分，且划分的合理性不易控制。采用"提前停止"方法的 train 函数，其调用格式为

[net，tr]=train（net，ptr，ttr，[]，[]，val，test）

或（当不提供测试集时）

[net，tr]=train（net，ptr，ttr，[]，[]，val）

其中，ptr 和 ttr 分别代表训练集的输入矢量和目标矢量；val 为验证集；test 为测试集，val 和 test 通常采用结构体的形式存取相应样本集中的输入矢量和目标矢量。例如，val.P 和 val.T 可分别用以定义验证集的输入矢量和目标矢量。

三、自组织特征映射网络的 MATLAB 实现

（一）自组织特征映射网络的结构

自组织特征映射网络（SOM）的结构示，该网络有 R 维输入和 S 个输出，由隐含层和竞争层组成，||ndist|| 模块表示对输入矢量 $\boldsymbol{p}$ 和神经元权值矢量 $\boldsymbol{w}$ 之间的距离取负，该网络的输出层是竞争层，图中的模块 C 表示竞争传递函数，其输出矢量由竞争层各神经元的输出组成，除了在竞争中获胜的神经元，其余神经元的输出都为零，竞争传递函数输入矢量 $\boldsymbol{n}$ 中的最大元素所对应的神经元是竞争中的获胜者，其输出固定为 1，应该指出的是，自组织映射网络在训练时要对获胜神经元邻域内的所有神经元进行权值的修正。

（二）自组织特征映射网络的输出层神经元的拓扑结构和距离计算

自组织特征映射网络输出层的神经元可以按任意维形式排列，工具箱函数 gridtop、hextop 和 randtop 可用来建立输出层神经元在物理位置上的拓扑结构，它们分别把神经元设置在长方形、六角形或任意形状的网格上，这三个函数的调用格式为

pos=gridtop（dim_1，dim_2，…，dim_N）

pos=hextop（dim_1，dim_2，…，dim_N）

pos=randtop（dim_1，dim_2，…，dim_N）

其中，dim_1，dim_2，…，dim_N 是以 N 维形式排列的输出层神经元在各维的个数；函数返回值 pos 是一个 $N \times S$ 维矩阵，其中 S 等于 dim_1，dim_2，…，dim_N 的乘积，是输出层神经元的总个数，矩阵 pos 中的每一列表示一个神经元在 N 维空间中的中的坐标，函数 plotsom 可以用来描绘输出层神经元的拓扑图，其调用形式如下：

plotsom（pos）

例如，利用代码

pos=hextop（5，6）；

plotsom（pos）

同样，利用相应的 MATLAB 代码也可以绘制出六角形网络和任意形状网络。

工具箱函数 dist、boxdist、linkdist 或 mandist 可以用来计算自组织特征映射网络输出层神经元之间的距离，这些函数的调用格式如下：

D=dist（pos）

D=boxdist（pos）

D=linkdist（pos）

D=mandist（pos）

其中，pos 表示神经元位置的 $N\times S$ 维矩阵，矩阵的每一列对应一个神经元的位置坐标；返回值$\boldsymbol{D}$为 $S\times S$ 维矩阵，矩阵中的每一个元素 D（i，j）表示第 i 个和第 j 个神经元之间的距离。在设定了网络拓扑结构和距离函数之后，可以确定神经元的邻域。

（三）自组织特征映射网络的建立

在 MATLAB 神经网络工具箱中，函数 newsom 可用来建立一个自组织特征映射网络，其调用格式如下：

net=newsom

net=newsom（PR，[dl，d2，…]，tfcn，dfcn，olr，osteps，tlr，tns）

其中，

net=newsom——表示在对话框中创建一个新的网络；

PR——R 个输入元素的最大值和最小值的设定值，$R\times 2$ 维矩阵；

di——第 i 层的维数，默认为 [5，8]；

tfcn——拓扑函数（结构函数），默认为“hextop”；

dfcn——距离函数，默认为“linkdist”；

olr——分类阶段学习率，默认为 0.9；

osteps——分类阶段的步长，默认为 1000；

tlr——调谐阶段的学习速率，默认为 0.02；

tns——调谐阶段的邻域距离，默认为 1，函数返回一个自组织特征映射。

（四）自组织特征映射网络的训练

自组织特征映射网络的训练过程分排列和调整两个阶段进行。在网络的训练过程中，假定当前输入第 i^* 个神经元获胜，那么网络中神经元权值的修正将按照下式进行

$$w_{i^*}(q)=w_i^*(q-1)+\alpha\left(p(q)-w_i\cdot(q-1)\right),$$

$$w_j(q)=w_j(q-1)+0.5\alpha\left(p(q)-w_j(q-1)\right),\quad j\in N_i\cdot(d),$$

其中，$N_i\cdot(d)$ 表示获胜神经元的邻域，即

$$N_{i^*}(d)=\left\{j,d_{i^*,j}\leqslant d\right\}.$$

从上述公式中可以看出，获胜神经元权值的修正量与学习速率成正比，邻域内神经元权值的修正量与学习速率的一半成正比，而邻域外的神经元权值不作修正。在排列和调整这两个阶段的训练中，学习速率和邻域半径的设定有所不同。

在排列阶段中，邻域半径首先设定为两个神经元的最大可能距离，然后在训练过程中逐渐减小到指定的调整阶段的邻域半径；而学习速率首先采用排列阶段学习速率，然后在训练过程中逐步降低到调整阶段的学习速率。在这一阶段中，网络中的神经元按照输入数据的分布进行排列，从而实现了功能相同的神经元在输入空间分布上的聚集，排列阶段的学习次数在网络建立时由设计者指定。

在调整阶段中，邻域半径一直保持为指定的调整阶段邻域半径，一般取值较小，典型值为 1.0；学习速率则从调整阶段学习速率开始缓慢降低，小邻域半径和缓慢下降的学习速率可以对网络进行良好的调整，同时不破坏排列阶段神经元已形成的分布。由于调整过程非常缓慢，因此调整阶段的学习次数要远大于排列阶段的学习次数。

上述学习规则可由工具箱函数 learnsom 实现。当网络的训练函数设置为“trainr”或自适应函数设置为“trains”时，即

net.trainFcn=‘trainr’或 net.adaptFcn=‘trains’

那么在调用训练函数 train 时，网络将按上述学习规则进行训练，即

net=train（net，P）.

其中，***P***为网络的输入矢量矩阵。

第四节　神经网络在数学建模中的应用

一、BP 神经网络在数学建模中的应用实例

（一）问题的提出（电子电路的故障诊断问题）

就电子电路系统的某一特定的元器件来说，当系统正常工作时，其关键点的电压应是稳定的；在工作环境温度一定的情况下，其芯片温度值也是一个稳定值，当电路中的元器件发生故障时，这些元器件的关键点的电压将会偏离正常范围，温度信号也会发生变

化。因此，通过对电压和温度信号的测试，可以对元器件是否发生故障进行诊断，为此，我们选用探针和热像仪 2 个传感器来获取该电路中 3 个元器件的故障特征：探针用来测电路中 3 个关键点的电压信号；热像仪用来测试 3 个元器件的工作温度信号。

（二）问题的分析

问题中给出了 18 组数据，每组数据给出了 6 个故障特征信息，并给出了它们对应元器件的故障诊断情况。所以，本问题的实质是找出从故障特征信息集合到元器件故障状态集合的映射关系，用数学表达式来表示就是要找到一个对应法则 f ，使得

$$f:\left(U_1,U_2,U_3,T_1,T_2,T_3\right)\to\left(A_1,A_2,A_3\right).$$

显然，这是一个从 6 维空间到 3 维空间的映射关系，这种关系难以用数学公式写出，为此，我们考虑用 BP 神经网络来实现这一映射关系，即把这个故障诊断问题的数学模型建立成一个 BP 神经网络模型，并利用这个建立好的神经网络模型进行故障诊断。

（三）模型的建立

Kolmogorov 理论指出：具有单个隐含层的 BP 神经网络可以映射所有连续函数，而具有双隐含层的 BP 神经网络网可以映射任何函数（包括不连续函数），在此，我们不清楚所要建立的映射关系是否连续，所以先考虑有单个隐含层的 BP 神经网络，如果不能满足我们的要求，就考虑再加一个隐含层。

网络的输入是个 6 维向量，即是由 3 个关键点的电压和 3 个元器件的工作温度组成的 6 维向量，因此输入层应设置 6 个神经元；输出是一个 3 维向量，即由 3 个元器件的故障情况组成的向量，故输出层应设置 3 个神经元，隐含层的节点个数由韩力群（2002）给出的经验公式算出，应为

$$m=\sqrt{nl}=\sqrt{6\times 3}=4.2426\approx 4,$$

这样便可以确定一个 6–4–3 的 BP 神经网络。

为了实现网络输入和输出之间的非线性映射，隐含层神经元的传递函数采用对数 Sigmoid 函数 $f(x)=1/\left(1+\mathrm{e}^{-x}\right)$；输出层神经元的传递函数采用 purelin 函数，这样可以保证输出层的输出向量的各分量均为 [0，1] 中的数。

通常，BP 神经网络的权值和阈值是通过沿着网络误差的负梯度方向进行调节的，最终使网络误差达到极小值或最小值，即在这一点误差梯度为零。局限于梯度下降算法的固有缺陷，标准的 BP 学习算法通常具有收敛慢、易陷入局部极小值等缺点，因此出现了

许多改进的算法，这些改进的BP算法，从改进途径上可分为两大类：一类是采用启发式学习方法，如引入动量项因子的学习算法、变学习速率学习算法、“弹性”学习算法等；另一类是采用更有效的数值优化方法，如共轭梯度学习算法、quasi Newton算法及Levenberg-Marquardt优化方法等，在此，我们用Levenberg-Marquardt优化方法对BP神经网络的权值和阈值进行训练。

下面我们利用MATLAB工具箱中的相关函数来建立BP神经网络模型，其基本思路如下：

步骤1：定义BP神经网络的输入向量组成的矩阵为$\boldsymbol{P}$和目标输出向量组成的矩阵为$\boldsymbol{T}$，$\boldsymbol{P}$是一个6×18的矩阵，其中的每一列表示2个传感器对电路中3个元器件提取的6个故障特征；$\boldsymbol{T}$是一个3×18的矩阵，其中的每一列表示正确的故障诊断决策，即对应元器件的障碍状态。

步骤2：利用MATLAB中的newff函数构造原先设计好了的神经网络，其代码如下：

```
net=newff（minmax（P），[43]，{‘logsig’，‘purelin’}，‘trainlm’）；
```

步骤3：设置好网络的训练参数，利用train函数对网络进行训练，其代码如下：

```
net.trainParam.show=50 ;
net.trainParam.lr=0.05 ;
net.trainParam.mc=0.9 ;
net.trainParam.epochs=5000 ;
net.trainParam.goal=le-3 ;
[net，tr]=train（net，P，T）.
```

接下来，我们考察按以上代码建立的BP神经网络是否满足精度要求，即网络输出和实际输出的误差是否满足精度要求，如果符合规定要求的话，这个训练好了的BP神经网络（用net表示）就是我们要建立的神经网络模型；否则，就重新调整网络的相关参数，直至满足精度要求。

（四）利用神经网络模型进行故障诊断

在神经网络模型建立之后，所学习到的不确定性推理知识以连接权值和阈值的形式储存在网络之中，利用这些权值和阈值可以实现故障特征信息集合→元器件故障状态集合的映射关系，下面，我们利用MATLAB来进行实例仿真。

首先，我们利用rand函数生成一个随机矩阵$\boldsymbol{R}$，作为故障特征矩阵$\boldsymbol{P}$的噪声，

$$R = (\text{rand}(\text{size}(P)) - 0.5)/10;$$

其次，将随机噪声 $\boldsymbol{R}$ 加到故障特征矩阵 $\boldsymbol{P}$ 上，得到带有噪声的故障特征矩阵 $\boldsymbol{PP}$，

$$\boldsymbol{PP}=\boldsymbol{R}+\boldsymbol{P};$$

最后，利用 sim 函数，对带有噪声的故障特征矩阵进行故障诊断仿真，

$$A=\text{sim}(\text{net},\ \text{PP});$$

很容易发现，利用已建立好的神经网络模型，可以对带有噪声的故障特征进行故障诊断，正确率可达到了 90% 以上，这说明网络有一定的容错性和鲁棒性，为此，用神经网络对故障特征信息进行融合是有效的。

二、SOM 网络在数学建模中的应用实例

（一）问题的提出（土壤的分类问题）

已知我国某地区的 10 个土壤样本，每个样本用 7 个理化指标表示其性状，见表 7-1，试建立一个数学模型，能正确地对这 10 组土壤样本进行分类，并能对未知的土壤样本进行正确归类。

表 7-1　土壤样本及性状

序号	全氮 /%	全磷 /%	有机质 /%	pH	代换量	根层厚 /cm	密度 / （g/cm^3）
1	0.27	0.142	6.46	5.5	35.8	21	1.03
2	0.171	0.115	3.46	6.3	33	60	0.78
3	0.114	0.101	2.43	6.4	26.5	25	1.13
4	0.173	0.123	3.3	5.8	28.9	65	1.09
5	0.145	0.131	3.28	6	28.5	25	1.03
6	0.173	0.14	3.45	5.8	33.4	60	0.98
7	0.25	0.177	5.51	7.2	42.5	45	0.93
8	0.237	0.189	5.37	6.1	32.9	27	1.00
9	0.319	0.227	7.04	5.8	35.9	24	1.03
10	0.163	0.124	3.73	6.2	30.6	61	1.28

（二）问题的分析

本问题给出了 10 组土壤样本向量，每个样本中包括 7 个元素，要求建立相关的数学

模型，能正确地对这 10 组土壤样本进行分类，并利用这个模型能对未知的土壤样本进行正确归类。可见，问题的实质是：通过对已知的 10 组样本蕴涵的分类知识进行学习，提炼出某种分类规律，再利用这种分类规律对未知的土壤样本进行正确归类。

自组织神经网络是一类无教师学习的神经网络模型，它无须提供教师信号，它直接从提供的样本内部学习分类知识，提炼出蕴涵在样本中的相关分类知识，并将这些知识存储在网络的连接之中，利用这些知识可以对未知的样本进行正确分类。为此，我们可以考虑用自组织神经网络来进行建模。

（三）模型的建立

自组织神经网络有多种，我们这里采用 SOM 网络来建立相关模型。

首先，因为共有 10 个土壤样本，每个样本有 7 个理化指标，所以输入向量矩阵应为一个 7×10 维的矩阵；

其次，利用函数 newsom 建立一个 SOM 网络，代码为

net=newsom（minmax（P），[64]）；

其中，$\boldsymbol{P}$ 为输入向量，minmax（P）为指定输入向量元素的最大值和最小值，[64] 表示创建网络的竞争层为 6×4 的结构，网络的结构是可以调整的，此处的样本量不是很大，所以选择这样的竞争层是合适的。

然后利用函数 train 和仿真函数 sim 对 SOM 网络进行训练和仿真，由于训练步数的大小影响着网络的聚类性能，这里设置训练步数为 10、100 和 1000，分别观察其分类性能。

对聚类结果进行分析可知，当训练步数为 10 时，样本序号为 1、3、5、8 和 9 的分为一类；样本序号为 2、4、6 和 10 的分为一类；而序号为 7 的样本单独成为一类。由此可见，网络已经对样本进行了初步的分类，这种分类虽然准确但不够精确。

当训练步数为 100 时，样本序号为 1 和 9 的样本分为一类；序号为 2、4 和 6 的样本分为一类；序号为 3 和 5 的样本分为一类；序号为 7 的样本单独成为一类；序号为 8 的样本为一类；序号为 10 的样本为一类。这种分类结果更加细化了。

当训练步数为 1000 时，每个样本都被划分为一类，这和实际情况是吻合的，此时，如果再提高训练步数已经没有实际意义了。

以下是经过专家鉴定的土壤分类的实际情况表（表 7-2）。

表 7-2 经专家鉴定的土壤分类情况

序号	土壤类型	序号	土壤类型
1	薄层黏底白浆化黑土	6	厚层草甸黑土
2	厚层黏底黑土	7	中层草甸黑土
3	薄层黏底黑土	8	薄层草甸黑土
4	厚层黏底黑土	9	薄层沟谷地草甸黑土
5	薄层黏底黑土	10	厚层平地草甸黑土

可见，利用 SOM 网络来对土壤进行分类的方法是可行的。

Reference
参考文献

[1] 张敬信 . 数学建模算法与编程实现 [M]. 北京：机械工业出版社，2022.

[2] 李明奇，覃思义 .数学建模方法与实践 [M]. 北京：科学出版社，2021.

[3] 李英奎，周生彬，马林 . 数学建模研究与应用 [M]. 北京：北京工业大学出版社，2021.

[4] 王清，韩元良，刘瑞芹 . 数学建模从入门到 MATLAB 实践 [M]. 北京：北京航空航天大学出版社，2021.

[5] 段耀勇，王立冬，王松敏 . 实用数学方法 [M]. 成都：西南交通大学出版社，2021.

[6] 党忠良，王历权，范美卿 . 生活中的数学赏析、探究与建模 [M]. 重庆：西南师范大学出版社，2021.

[7] 张明成 . 数学建模方法及应用 [M]. 济南：山东人民出版社，2020.

[8] 韩明 . 数学建模案例 [M].2 版 . 上海：同济大学出版社，2020.

[9] 曹西林，王建 . 数学建模基础与案例分析 [M]. 北京：北京理工大学出版社，2020.

[10] 马艳英，胡文娟 . 数学建模的多元化应用研究 [M]. 长春：吉林大学出版社，2020.

[11] 王海 . 数学建模典型应用案例及理论分析 [M]. 上海：上海科学技术出版社，2020.

[12] 赵慧杰 . 最优化方法与数学建模 [M]. 上海：东华大学出版社，2019.

[13] 余绍权，杨迪威 . 数学建模实验基础 [M]. 武汉：中国地质大学出版社，2019.

[14] 谢中华 .MATLAB 与数学建模 [M]. 北京：北京航空航天大学出版社，2019.

[15] 梁进，陈雄达，张华隆 . 数学建模讲义 [M]. 上海：上海科学技术出版社，2019.

[16] 郝志峰，李杨，刘小兰 . 数据科学与数学建模 [M]. 武汉：华中科技大学出版社，2019.

[17] 张运杰，陈国艳 . 数学建模 [M].2 版 . 大连：大连海事大学出版社，2019.

[18] 吴宏鑫，胡军 . 特征建模理论、方法和应用 [M]. 北京：国防工业出版社，2019.

[19] 谭永基，蔡志杰 . 数学模型 [M].3 版 . 上海：复旦大学出版社，2019.

[20] 张涛 . 应用数学 [M]. 西安 ：西北大学出版社，2019.
[21] 郑艳霞，邓艳娟 . 数学实验 [M]. 北京 ：中国经济出版社，2019.
[22] 刘元 . 数学实验 [M]. 天津 ：天津大学出版社，2019.
[23] 陈刚，张笑，薛梦姣 . 数字地形建模与地学分析 [M]. 南京 ：东南大学出版社，2019.
[24] 王爱文，黄静静，魏传华 . 数学建模方法与软件实现 [M]. 北京 ：中央民族大学出版社，2018.
[25] 卓金武，王鸿钧 .MATLAB 数学建模方法与实践 [M].3 版 . 北京 ：北京航空航天大学出版社，2018.
[26] 胡京爽，范兴奎 . 数学模型建模方法及其应用 [M]. 北京 ：北京理工大学出版社，2018.
[27] 汪晓银，陈颖，陈汝栋 . 数学建模方法入门及其应用 [M]. 北京 ：科学出版社，2018.
[28] 谭忠 . 数学建模问题、方法与案例分析基础篇 [M]. 北京 ：高等教育出版社，2018.
[29] 沈文选，杨清桃 . 数学建模尝试 [M]. 哈尔滨 ：哈尔滨工业大学出版社，2018.
[30] 郑勋烨 . 数学建模实验 [M]. 西安 ：西安交通大学出版社，2018.
[31] 曹建莉，肖留超，程涛 . 数学建模与数学实验 [M].2 版 . 西安 ：西安电子科技大学出版社，2018.
[32] 许建强，李俊玲 . 数学建模及其应用 [M]. 上海 ：上海交通大学出版社，2018.